Jorge Tilano Hernéndez

Nuevos Enfoques de los Diseños Complejos

Jorge Tilano Hernéndez

Nuevos Enfoques de los Diseños Complejos

Muestreo en Poblaciones finitas no normales

Editorial Académica Española

Imprint

Any brand names and product names mentioned in this book are subject to trademark, brand or patent protection and are trademarks or registered trademarks of their respective holders. The use of brand names, product names, common names, trade names, product descriptions etc. even without a particular marking in this work is in no way to be construed to mean that such names may be regarded as unrestricted in respect of trademark and brand protection legislation and could thus be used by anyone.

Cover image: www.ingimage.com

Publisher:
Editorial Académica Española
is a trademark of
Dodo Books Indian Ocean Ltd. and OmniScriptum S.R.L publishing group

120 High Road, East Finchley, London, N2 9ED, United Kingdom
Str. Armeneasca 28/1, office 1, Chisinau MD-2012, Republic of Moldova, Europe
Printed at: see last page
ISBN: 978-620-2-12348-8

Nuevos Enfoques de los Diseños Complejos

Jorge Tilano Hernández

Area de Estadística

Muestreo de Poblaciones Finitas no Normales

Barranquilla, Colombia
Noviembre de 2024

Índice general

Capítulo *1*

Polietápico

1.1. Muestreo Univariable

El muestreo en varias etapas, se utiliza cuando el diseño exige tomar unidades muestrales agrupadas, y esto obedece a que las unidades de muestreo están constituidas por colecciones de unidades llamadas conglomerados.

Para esta clase de muestreo, las primeras etapas son las que contienen más unidades, y las últimas etapas menos unidades elementales. Las unidades finales componen la variable a estudiar, mientras que las unidades restantes componen lo que se denomina etapas nominales, es decir, representan el nombre de una categoría que puede contener otras categorías o simplemente los valores de la variable a estudiar.

Por ejemplo, suponga que en la ciudad A se va a medir el ingreso medio teniendo en cuenta los estratos socioeconómicos. En primer lugar, se seleccionan los barrios dentro de cada estrato, que son las unidades nominales de la primera etapa; luego, de cada barrio o unidad muestreada de la primera etapa se selecciona una muestra de manzanas, y todas las muestras recolectadas constituyen las unidades de la segunda etapa; posteriormente, de las manzanas ó unidades muestreadas de la segunda etapa se seleccionan hogares, que constituyen las unidades elementales que dan lugar a la variable de estudio. En cuyo caso, los hogares brindan la información cuantitativa contenida en manzanas y barrios de esa ciudad.

1.1.1. Muestreo en dos etapas

Muestreo por Conglomerados en dos etapas

Una muestra por conglomerados en dos etapas se obtiene seleccionando primero una muestra aleatoria de conglomerados y posteriormente una muestra aleatoria de los elementos de cada conglomerado muestreado.

Ejemplos del muestreo por conglomerados en dos etapas son el estudio sobre los precios de los apartamentos en una cadena de edificios, donde se muestrean primero edificios y luego apartamentos de cada edificio seleccionado; otro, el estudio de las cuentas por cobrar de los clientes de una cadena de tiendas; y otro, el estudio del rendimiento académico de los estudiantes en las universidades del país, donde primero se muestrean universidades y luego estudiantes en las universidades seleccionadas.

En la selección de una muestra por conglomerados en dos etapas se tiene en cuenta que si los conglomerados presentan la misma media, estos definen un solo estrato; pero, si difieren en sus valores medios los conglomerados en realidad pertenecen a estratos distintos.
Al tener presente una variable auxiliar, las estimaciones se centran en variables elementales para el caso de regresión, ya que al usar expansión simple, las estimaciones son considerablemente variables, al existir heterogeneidad en los tamaños de los conglomerados. Con el estimador de razón, este hecho no afecta las estimaciones, ya que el mismo factor de escala no introduce sesgo alguno, suelen conservar la precisión.
Se menciona la expansión simple, muy eficiente cuando los conglomerados tienen el mismo tamaño ó tamaños estadísticamente homogéneos. En el resto de casos, dentro del supuesto de media única, produce resultados heterogéneos, como los ejemplos que aquí se presentan. El mejor método de estimación de totales, en muestreo bietápico, es el método exhaustivo que consiste en tomar todos los conglomerados que conforman las unidades primarias y luego de cada uno de ellos una muestra. Este esquema en general funciona mejor que los otros métodos porque es realmente insesgado y con la mínima varianza,

al tener en cuenta información de todas las unidades primarias, cuando los conglomerados son heterogéneos entre ellos, esto es, no presentan la misma media dentro de cada agrupamiento.

El supuesto de medias iguales admite mezclas de poblaciones distintas dentro de cada conglomerado sin importar que sus varianzas sean diferentes, y también la forma de estimar la varianza de los estimadores presentados, que es usando valores elementales, puede presentar un pequeño sesgo poco importante y tambien esta forma no permite omitir las otras componentes de la varianza debida a las variables nominales de agrupamiento, aunque se imponga el supuesto de medias iguales en los conglomerados elementales, el cual, produce un insesgamiento en las estimaciones de medias, totales y varianzas.

La solución dada por este formato pretende llegar a simplificar los diseños de Muestreo complejos estudiados en próximos capítulos.

A pesar de que las medias de los conglomerados elementales sean estadísticamente iguales, la formulación de la varianza polietápica suele ser más simple y tiene en cuenta la variación no elemental producida por los promedios en las diferentes etapas. En caso, de que no se incluyan las varianzas de las distintas etapas se incurre en una subestimación de la varianza, porque solo en el caso de medias matemáticamente iguales, en los conglomerados elementales, la varianza se reduce.

Estimación Tradicional de la media y el total

La notación a utilizar es la siguiente:

- N = número de conglomerados en la población.

- n = número de conglomerados seleccionados en muestra aleatoria.

- M_i = número de elementos en el conglomerado i.

- m_i = número de elementos seleccionados en muestra aleatoria del conglomerado i.

- $\overline{M} = \frac{M}{N}$ tamaño promedio de conglomerado para la población.

- $y_{ij} = j$-ésima observación en la muestra del i-ésimo conglomerado.

- $\overline{Y}_i = \frac{1}{m_i} \sum_{j=1}^{m_i} y_{ij}=$ la media muestral para el i-ésimo conglomerado.

Estimador Insesgado de acuerdo al Modelo

Se trata del estimador tradicional de expansión simple presentado en la mayoría de textos de muestreo. En textos de Muestreo, se presentan algunos de estos ejemplos; en este texto se aborda el tema con ejemplos similares, pero, aquí se establece una forma más eficiente de abordar las estimaciones. El estimador de Expansión simple es un estimador de diseño con pesos iguales, no referente al conjunto de estimaciones posibles, sino al equilibrio de las unidades primarias, que de acuerdo a los valores posibles entran con distinto peso, pero, su interpretación se hace equilibrando las estimaciones posibles. Esto permite evidenciar que en la distribución muestral, las muestras no tienen igual probabilidad como era de suponerse, y presenta una clara heterogeneidad.

A pesar de ser insesgado de acuerdo al modelo, se trata de un estimador heterogéneo, esto es, con error cuadrático medio muy alto. Así el estimador es impreciso y también ineficiente, esto es, es una estimación desequilibrada. Es cierto que la selección en cada etapa, se realiza con probabilidades iguales, pero, su formato trata de equilibrar sus diseños. La media por expansión simple, es

$$\hat{\mu} = \frac{\widehat{Y}}{M} = \frac{N\overline{y}}{M} = \frac{N}{M} \sum_{i=1}^{n} \frac{y_i}{n} = \left(\frac{N}{M}\right) \sum_{i=1}^{n} \frac{M_i\overline{y}_i}{n}$$

La varianza estimada insesgada de $\hat{\mu}$, de acuerdo al diseño de equilibrio, es:

$$\widehat{V}(\hat{\mu}) = \frac{N-n}{N} \cdot \left(\frac{1}{n\overline{M}^2}\right) S_b^2 + \frac{1}{nN\overline{M}^2} \sum_{i=1}^{n} M_i^2 \left(\frac{M_i - m_i}{M_i}\right) \left(\frac{S_i^2}{m_i}\right)$$

donde

$$S_b^2 = \sum_{i=1}^{n} \frac{(M_i\overline{y}_i - \overline{M}\hat{\mu})^2}{n-1}$$

y

$$S_i^2 = \sum_{j=1}^{m_i} \frac{(y_{ij} - \overline{y}_i)^2}{m_i - 1}; i = 1, 2, \ldots, n$$

Estimación elemental de la media y el total

La notación a utilizar es la siguiente:

- N = número de conglomerados en la población.

- n = número de conglomerados seleccionados en muestra aleatoria.

- N_i = número de unidades elementales en el conglomerado i.

- n_i = número de unidades elementales seleccionados en muestra aleatoria del conglomerado i.

- y_{ij} = j-ésima observación en la muestra del i-ésimo conglomerado.

Estimador insesgado del total poblacional y con mínima Varianza
Se trata del estimador de promedio elemental presentado en este texto de muestreo. En este texto se aborda la simulación y la demostración de que el esquema de promedio elemental es más eficiente y similar a un estimador de Razón, cuando los conglomerados son homogéneos entre sí, lo cual implica que pueden contener información heterogénea de poblaciones mezcladas, con distribución libre.

En este caso, los conglomerados se seleccionan con probabilidades proporcionales a sus tamaños, aplicando M.A.S. en cada etapa.

$$\widehat{Y}_s = M\overline{\overline{Y}}$$

donde $\overline{\overline{Y}}$ expresa el promedio de las unidades elementales que se suponen pertenecen tal vez a diferente población, pero todos los promedios de los grupos elementales son idénticos. También, la varianza exacta que estima el promedio elemental no depende solo de varianzas elementales, pues, aquí usaremos un estimador insesgado, en el cual, se usan promedios elementales dentro de cada etapa.

Es posible, que si los conglomerados elementales tienen igual media, en forma estricta, esto reduce la varianza; pero, es conveniente usar una fórmula robusta, que funcione bajo cualquier circunstancia, ya sea que los promedios elementales sean iguales o no.

En el capítulo 4 trato con conglomerados heterogéneos en sus medias, a través de un estimador exhaustivo, aunque tambien se puede aplicar el estimador de expansión simple corregido, que es insesgado y mas eficiente que la expansión tradicional. La varianza estimada de $\widehat{Y}_s$, se obtiene aplicando las propiedades de las muestras complejas presentadas en las demostraciones de las secciones de los próximos capítulos:

$$\widehat{V}(\widehat{Y}_s) = \frac{M^2 * (1 - n/N)}{n}\widehat{V}(\overline{y}.) + \frac{M^2}{n^2}\sum_{i=1}^{n}\cdot\left(\frac{S_i^2(1 - \frac{m_i}{M_i})}{m_i}\right)$$

donde

$$S_i^2 = \sum_{j=1}^{m_i}\frac{(y_{ij} - \overline{y}_i)^2}{m_i - 1}$$

$$\widehat{V}(\overline{y}.) = \frac{\sum_{i=1}^{n}(\overline{y}_i - \overline{y})^2}{n - 1}$$

El promedio elemental consiste en realizar un promedio con las unidades elementales y multiplicarlo por el total de unidades elementales. Esta forma origina un estimador con una varianza más pequeña que la del método de expansión simple, y constituye el mejor estimador para el caso de conglomerados homogéneos.

Los conglomerados se consideran de igual media aunque al aumentar el volumen de la muestra, este supuesto se vuelve poco realista. Si la condición de media única falla se introduce una variación de las medias, haciendo un procedimiento robusto. De hecho, en general, la varianza será polietápica, pero, en este caso, es de cómputo rápido y sencillo.

Circulo de Estimadores por Expansión Simple y Expansión Elemental

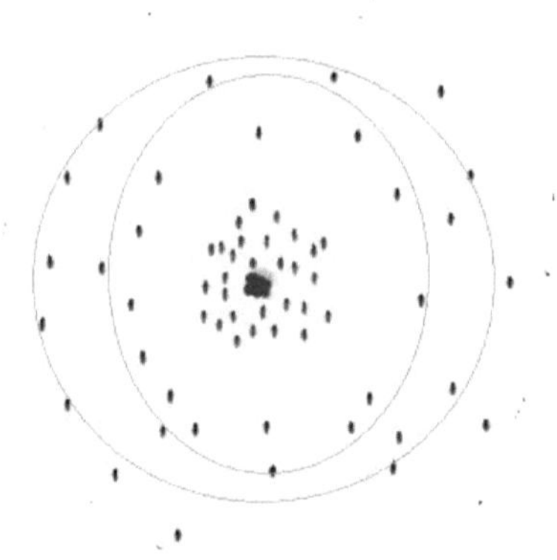

Suponga que en este círculo se encuentran los dos estimadores, en selección aleatoria por etapas: Expansión Simple en puntos color negro y Expansión Elemental en puntos color mate. El centro del círculo representa el parámetro estimado por los dos métodos.

Ambos estimadores son insesgados, pero el estimador de expansión elemental se acerca más al parámetro, dando resultados con mejor aproximación al objetivo, bajo el supuesto de conglomerados elementales de igual media.

Ejemplo **1.1** *Se recogen datos de la población de 10 y 11 desde 2021 hasta 2023 en $N = 12$ grupos de estudiantes que arrojan un total de 327.*

A continuación se toma una muestra aleatoria por etapas de 4 grupos de los 12 y una muestra de los estudiantes en cada grupo, para una muestra total de 30.

La muestra contiene las calificaciones finales pareadas de Física y Estadística, y en ella se detallan los principales datos para medir la calificación promedio en Estadística.

Grupo	Inferior	superior	M_i
1	1	27	27
2	28	51	24
3	52	78	27
4	79	105	27
5	106	132	27
6	133	158	26
7	159	187	29
8	188	210	23
9	211	243	33
10	244	271	28
11	272	299	28
12	300	327	28

La muestra se describe a continuación

NUMERO	X	Y	GRUPO	NUMERO	X	Y	GRUPO
1	3,07	3,12	9	17	2,91	3,33	11
2	4,56	4,64	9	18	3,64	4,40	11
3	3,13	3,20	9	19	3,58	4,13	11
4	2,94	2,93	9	20	1,74	1,96	11
5	2,89	3,38	9	21	2,99	3,28	11
6	2,50	2,93	9	22	3,26	3,38	11
7	2,43	2,54	9	23	3,18	3,04	11
8	2,73	2,51	9	24	3,14	3,54	11
9	2,94	3,05	9	25	3,05	3,59	6
10	1,70	2,40	4	26	2,65	3,11	6
11	3,97	4,33	4	27	2,65	4,05	6
12	2,29	3,24	4	28	2,61	2,64	6
13	3,48	3,43	4	29	2,65	3,11	6
14	3,28	3,01	4	30	3,16	3,20	6
15	1,33	1,70	4				
16	3,48	3,10	4				

Estime el promedio de las calificaciones finales de Estadística, usando el estimador de expansión simple. Construya en cada caso el intervalo de confianza al 95 %. Repita el procedimiento usando el promedio elemental de unidades primarias.

Solución

En primera instancia se realiza un resumen de las medidas.

grupo	m_i	M_i	$\overline{y}_i$	S^2_{yi}
9	9	33	3,1425	0,396814062
4	7	27	3,03	0,677533333
11	8	28	3,381875	0,538706696
6	6	26	3,283333333	0,232546667

El primer estimador de μ_y es $\widehat{\mu}$:

$$\widehat{\mu} = \left(\frac{N}{M}\right) \sum_{i=1}^{n} \frac{M_i \overline{y}_i}{n} = 3,3539$$

Para estimar la varianza de $\widehat{\mu}$, se debe calcular:

$$S^2_b = 96,8537; \sum_{i=1}^{n} M_i^2 \left(\frac{M_i - m_i}{M_i}\right)\left(\frac{S_i^2}{m_i}\right) = 145,05;$$

$$\widehat{V}(\widehat{\mu}) = 0,02546; \epsilon = 0,40498$$

Por lo tanto, el promedio de las calificaciones finales de Estadísitica, se estima que es 3.3539, con un error absoluto de estimación menor que 0.40498 con una confianza de al menos 95 %.

El segundo estimador de μ_y es $\widehat{\mu}_s$:

$$\widehat{\mu}_s = \overline{\overline{Y}} = 3,2082$$

La varianza estimada de $\widehat{\mu}_s$ es:

$$\widehat{V}(\overline{Y}_s) = \frac{1}{n^2} \sum_{i=1}^{n} \cdot \left(\frac{S_i^2(1 - \frac{m_i}{M_i})}{m_i}\right) = 0,011354682$$

El error absoluto de la estimación, incluyendo la variación de medias elementales es $2,38 * \sqrt{0,00399 + 0,0115}\sqrt{29/25,5} = 0,31435$ modificando la t de student por la aproximación de holgura, con interpretación diferente, como se aprecia en una confianza de al menos 95 %. Ahora, el límite de error se redujo, usando el promedio elemental, sin tener en cuenta los tamaños de los *conglomerados, una ventaja muy apreciable al realizar el muestreo. Otra cosa es el desequilibrio de la estimación por expansión que está por encima del promedio elemental como se esperaba, es positivo y un aspecto poco notable. Esto muestra que de acuerdo al diseño con probabilidades iguales, el estimador de expansión simple es insesgado; pero, en forma práctica, las estimaciones posibles presentan un desequilibrio. Una cuestión es el modelo equilibrando las estimaciones y otra es la realidad que se obtiene con el total y promedio de acuerdo al universo.*

El lector debe asumir la propiedad dada para el estimador elemental, sobre la igualdad de medias entre los conglomerados elementales, usando los datos suministrados.

Estimación del total poblacional:

$$\widehat{Y}_s = M\widehat{\mu}_s$$

Varianza estimada del estimador $\widehat{Y}_s$ es:

$$\widehat{V}(\widehat{Y}_s) = M^2 \times \widehat{V}(\overline{Y}_s)$$

Ejemplo **1.2** *Suponga que se decide premiar la institución si tiene un total superior a 1000. Estime la calificación total de los grados, suponiendo que a la institución le interesa el puntaje total obtenido.*

Solución.

La primera estimación del total es:

$$\widehat{Y} = M\widehat{\mu} = 327(3{,}2082) = 1049{,}1$$

La varianza estimada del estimador del total es:

$$\widehat{V}(\widehat{Y}) = M^2 V(\widehat{\mu}) = 327^2(0{,}01534) = 1640{,}29; \quad \widehat{e}_a(\widehat{Y}) = 102{,}7936$$

Este último corresponde al error absoluto calculado bajo el procedimiento de holgura con una confianza de al menos 95 %, en donde se reemplaza una t de student con 29 grados de libertad, por la holgura con varianza desconocida, donde $\epsilon_a = 0{,}31435 * 327$.

El intervalo de confianza holgado al 95 % para el total es:

$$[946{,}36 \quad ; \quad 1151{,}95]$$

El valor del total estimado por expansión simple discrepará de los estimadores de promedio elemental y de razón presentado a continuación. Esto obedece a la presencia de heterogeneidad, donde debido a los pesos diferentes que tienen las muestras posibles correlacionados positivamente con los totales se origina un sesgo positivo, es decir el valor esperado del total por expansión simple es más alto que el valor verdadero, cuando se trabaja con conglomerados de distinto tamaño o incluso se toman diferente número de unidades en cada etapa.

Esta dualidad propia del estimador de Expansión Simple, define su estimador corregido del capítulo 4.

Estimación de razón

El estimador de la media dado anteriormente depende del número total de elementos en la población, M. Cuando M es desconocido entonces debe ser estimado a partir de los datos en la muestra.

El estimador de M se obtiene el tamaño promedio de conglomerado por el número de conglomerados en la población; esto es $\widehat{M} = N \sum_{i=1}^{n} M_i/n$. Al reemplazar M por $\widehat{M}$ se obtiene el estimador de razón:

$$\overline{\overline{y}}_r = \frac{\sum\limits_{i=1}^{n} M_i \overline{y}_i}{\sum\limits_{i=1}^{n} M_i}$$

Se trata de un estimador insesgado cuando todos los conglomerados de las variables elementales tienen media única, pese a que sus distribuciones difieran.

Por lo tanto, bajo la propiedad de que los conglomerados finales tengan media única, aunque distribución libre, el estimador de razón del total $\widehat{Y}_r =$

$M\overline{\overline{y}}_r$, es insesgado, con varianza estimada insesgada dada por

$$\widehat{V}(\widehat{Y}_r) = \frac{M^2 * (1 - n/N)}{n}\widehat{V}(\overline{y}.) + \frac{M^2 \sum\limits_{i=1}^{n} M_i^2 \frac{(M_i - m_i)}{M_i}\frac{S_i^2}{m_i}}{\left(\sum\limits_{i=1}^{n} M_i\right)^2}$$

donde

$$S_i^2 = \sum_{j=1}^{m_i} \frac{(y_{ij} - \overline{y}_i)^2}{m_i - 1}; i = 1, 2, \ldots, n$$

Esta estructura supera la varianza por etapas por arrojar un valor exacto y de más fácil cómputo, cuando las variables elementales se toman sin reemplazo. Esta varianza no es robusta porque no incluye la variación de promedios elementales. Es importante que se haga una varianza polietápica de cómputo simple, tal como se hizo con el estimador de Expansión elemental

Más adelante, expongo tres propiedades claves que tienen las muestras complejas.

Estimación de regresión por el orígen

Otro estimador que se puede dar en el caso de que el número total de elementos en la población M es desconocido es el estimador de regresión por el orígen, que en el caso de existir la linealidad por el origen ofrece resultados similares a los estimadores de razón dados anteriormente; y se puede ajustar cuando la linea recta no pasa por el origen.

El estimador de la tasa de cambio es:

$$\overline{\overline{Y}}_{rp} = \frac{\sum\limits_{i=1}^{n} M_i^2 \overline{y}_i}{\sum\limits_{i=1}^{n} M_i^2}$$

La varianza estimada insesgada que propongo, bajo el esquema de conglomerados elementales con media única, para $\overline{\overline{Y}}_{rp}$ es:

$$\widehat{V}(\overline{\overline{Y}}_{rp}) = \frac{(1 - n/N)}{n}\widehat{V}(\overline{y}.) + \frac{\sum\limits_{i=1}^{n} M_i^4 \frac{(M_i - m_i)}{M_i}\frac{S_i^2}{m_i}}{\left(\sum\limits_{i=1}^{n} M_i^2\right)^2}$$

donde

$$S_i^2 = \sum_{j=1}^{m_i} \frac{(y_{ij} - \overline{y}_i)^2}{m_i - 1}; i = 1, 2, \ldots, n$$

Esta varianza no es robusta porque no incluye la variación de promedios elementales. Es importante que se haga una varianza polietápica de cómputo simple, tal como se hizo con el estimador de Expansión elemental

Ejemplo **1.3** *Usando los datos del ejemplo 1.1, estime el promedio de las calificaciones finales de Estadística usando el estimador de razón y el estimador de regresión por el orígen.*
Solución.

- *Estimación de razón*

$$\overline{\overline{y}}_r = \frac{\sum\limits_{i=1}^{n} M_i \overline{y}_i}{\sum\limits_{i=1}^{n} M_i} = 3{,}2068$$

Para encontrar la varianza estimada de $\overline{\overline{y}}_r$ se calcula con la nueva expresión dada anteriormente:

$$V(\overline{\overline{Y}}_r) = 0{,}0111611 + 0{,}00399; \quad \widehat{ee}(\overline{\overline{Y}}_r) = 0{,}12309$$

El intervalo de confianza holgado al 95 % es:

$$3{,}2068 \pm 0{,}3124$$

- *Estimación de regresión por el orígen*

$$\overline{\overline{Y}}_{rp} = \frac{\sum\limits_{i=1}^{n} M_i^2 \overline{y}_i}{\sum\limits_{i=1}^{n} M_i^2} = 3{,}2038$$

Para encontrar la varianza estimada de $\overline{\overline{Y}}_{rp}$ se calcula:

$$V(\overline{\overline{Y}}_{rp}) = 0{,}01110 + 0{,}00399; \quad \widehat{ee}(\overline{\overline{Y}}_{rp}) = 0{,}12284$$

El intervalo de confianza holgado al 95 % es:

$$3{,}2038 \pm 0{,}31178$$

En este caso, se observa que las estimaciones de razón y de regresión ajustada son igualmente eficientes y más eficientes que la de expansión simple. Además, la estimación de promedio elemental presentó una varianza más alta; pero ambas serían casi insesgadas. El supuesto clave es partir de que los conglomerados presentan el mismo promedio, esto es razonable partiendo de que las unidades elementales pertenencen a una única población, aunque siempre habrá un pequeño sesgo, pero muy despreciable y no como el de expansión simple.

Ejemplo **1.4** *Simulación con población pequeña*
Una población consta de tres conglomerados de diferente tamaño y un total de 12 unidades elementales consideradas de una población única, aunque los agrupamientos no tienen exactamente el mismo promedio.
Se realiza el siguiente ejemplo de simulación de evidencia, pero en el apéndice se plantean las demostraciones. Suponga que se tienen 3 conglomerados y se desea tomar una muestra sin reemplazo de 2 conglomerados y de cada conglomerado muestras de diferente tamaño. Los datos aparecen a continuación

M_i	y_{i1}	y_{i2}	y_{i3}	y_{i4}	y_{i5}
5	69,39255563	96,83240046	106,3325976	84,82149624	68,76168045
4	107,7052985	94,44314393	134,5727908	121,9779754	
3	122,6579029	97,21862411	69,64741249		

método	T. real	T. esperado	V esperada	ECM
Exp Simple	1174,36	1193,95	16059,87	16443,50
Razon Simple	1174,36	1172,13	9106,83	9111.82
R. Ponderada	1174.36	1163.03	10840.40	10668.77
Exp Elemental	1174,36	1181,91	8239.90	8296.84

Se observa que respecto al universo, los tres métodos son sesgados, pero el estimador de Expansión Simple tiene mayor sesgo y varianza presentando el mayor error cuadrático medio.

El estimador de Expansión Elemental presenta el menor error cuadrático medio.

En este caso, al tomar 2 conglomerados sin reemplazo y de cada conglomerado tomar $m_i = M_i - 1$, surgen $20 + 15 + 12 = 47$ muestras posibles. El total esperado de expansión simple se puede obtener como $E(\widehat{Y}) = \dfrac{20*(Y1+Y2)*1,5+15*(Y1+Y3)*1,5+12*(Y2+Y3)*1,5}{47}$.

i	M_i	Y_i	P_i
1	5	426.1407	$\frac{35}{94}$
2	4	458.6992	$\frac{32}{94}$
3	3	289.5239	$\frac{27}{94}$

El sesgo del Estimador de Expansión simple es $Bias\left(\widehat{Y}\right) = N \sum\limits_{i=1}^{N} Y_i \times P_i - \tau_y$, esto es, $Bias\left(\widehat{Y}\right) = 19{,}59$

El sesgo del estimador de Expansión Elemental, así descrito es $Bias\left(\widehat{Y}_s\right) = M \sum\limits_{i=1}^{N} \frac{Y_i}{M_i} \times P_i - \tau_y$, esto es, $Bias\left(\widehat{Y}_s\right) = 7{,}546024$

En el caso, de tomar $n = 2$ y $m_i = 2$, los insumos serían

i	M_i	Y_i	P_i
1	5	426.1407	$\frac{90}{216}$
2	4	458.6992	$\frac{78}{216}$
3	3	289.5239	$\frac{48}{216}$

El sesgo del Estimador de Expansión simple es $Bias\left(\widehat{Y}\right) = N \sum\limits_{i=1}^{N} Y_i \times P_i - \tau_y$, esto es, $Bias\left(\widehat{Y}\right) = 48{,}25$

El sesgo del estimador de Expansión Elemental, así descrito es $Bias\left(\widehat{Y}_s\right) = M \sum\limits_{i=1}^{N} \frac{Y_i}{M_i} \times P_i - \tau_y$, esto es, $Bias\left(\widehat{Y}_s\right) = 6{,}06$

En este caso, el sesgo del estimador de Expansión Simple suele incrementarse; pero, el sesgo del estimador de Expansión Elemental disminuye.

Estimación de la proporción poblacional

En este caso, se puede aplicar el estimador de la media o el estimador de razón que es más útil cuando se desconoce M el número total de elementos:

$$\widehat{P} = \frac{\sum\limits_{i=1}^{n} M_i \widehat{P_i}}{\sum\limits_{i=1}^{n} M_i}$$

La varianza estimada insesgada de $\widehat{P}$, bajo el esquema de proporciones iguales en los conglomerados finales, es:

$$\widehat{V}(\widehat{P}) = \left(1 - \frac{n}{N}\right) \frac{\overline{V}(\widehat{p_i})}{n} + \frac{\sum\limits_{i=1}^{n} M_i^2 \left(\frac{M_i - m_i}{M_i}\right) \frac{\widehat{p_i}\widehat{q_i}}{m_i - 1}}{\left(\sum\limits_{i=1}^{n} M_i\right)^2}$$

1.1.2. Muestreo Por Etapas

El muestreo polietápico tradicional requiere de cálculos más sofisticados para el total, la media y sus respectivas varianzas, ya que las fórmulas usadas tienen involucradas expresiones más difíciles de calcular.

Las fórmulas de la varianza por etapas se deducen al aplicar el principio de independencia, y por otro lado, la esperanza de la varianza conduce a reducir la probabilidad de inclusión. Así que, un supuesto de este procedimiento es la independencia entre las etapas del diseño.

Un ejemplo del muestreo multiétapico es: el estudio del nivel de rendimiento escolar en Colombia; unidades primarias: departamentos; unidades secundarias: municipios; unidades terciarias: barrios; cuarta etapa: colegios; quinta etapa: salones; y etapa elemental: estudiantes.

Sin embargo, al usar el estimador elemental bajo el principio de media única se tienen resultados más sencillos y exactos debido a que las condiciones permiten el uso de la independencia estadística entre las variables aleatorias elementales provocando una reducción de su varianza y unos mejores resultados del muestreo cuando las muestras son grandes y se cumple el supuesto de media única entre conglomerados.

En teoría los conglomerados deben tener comportamientos similares, pero los estratos son diferentes unos con otros; y este supuesto hace realidad la hipótesis de media única.

Por ejemplo, si se miran las calificaciones finales por grado, estas resultan similares; pero, si se observaran las edades es lógico que van aumentando al pasar de un grado inferior a un grado superior. Entonces, las edades no presentan media única, este ejemplo viola el supuesto para usar estimadores elementales.

Sin embargo, el estimador elemental presenta equilibrio y puede funcionar mejor que otros métodos.

Estimación del total en muestreo polietápico

La notación a utilizar es la siguiente:

- N = número de conglomerados en la población.

- n = número de conglomerados seleccionados en muestra aleatoria.

- N_i = número de unidades elementales en el conglomerado i.

- n_i = número de unidades elementales seleccionadas en la muestra aleatoria del conglomerado i.

- y_{ij} = j-ésima observación en la muestra del i-ésimo conglomerado.

Para cualquier cantidad de etapas en el muestreo, el total se puede estimar mediante la expresión:

$$\widehat{Y}_s = M\overline{Y}_s$$

donde M es el total de unidades elementales y $\overline{Y}_s$ es el promedio simple de las unidades elementales.

Si U es el total de elementos en la segunda etapa, se tiene que:

El estimador del promedio por unidad de la segunda etapa es: $\overline{Y}_2 = \frac{\widehat{Y}_s}{U}$

Para calcular el promedio en una etapa cualquiera se divide el total $\widehat{Y}_s$ por la cantidad de unidades en la etapa.

Además, en este texto se adoptará la varianza elemental, que depende únicamente de los valores elementales, cuando estos proceden de una misma población.

$$V(\widehat{Y}_s) = \frac{M^2 * (1 - n/N)}{n}\widehat{V}(\overline{y}_{\cdot}) + \frac{M^2}{n^2}\sum_{i=1}^{n}\frac{S_i^2(1 - m_i/M_i)}{m_i}$$

donde,

$$S_i^2 = \sum_{j=1}^{m_i}\frac{(y_{ij} - \overline{y}_i)^2}{m_i - 1}$$

Ejemplo **1.5** *Se toma una muestra estratificada de las 5 regiones naturales de Colombia. (Fuente DANE).*

Region	No. de departamentos N_h	No. de municipios M_h
CARIBE (C)	8	197
PACIFICA (P)	4	178
AMAZONICA (M)	5	50
ORINOQUIA (O)	5	68
ANDINA (A)	10	629

Region	m_i	M_i	$\overline{y}_i$	S_i^2	Region	m_i	M_i	$\overline{y}_i$	S_i^2
C	7	15	1362	3047913	O	10	29	4535	35406118
C	10	30	4305	14405815	O	8	19	1188	169259
C	10	46	1866	1280705	O	3	4	6946	64020177
C	10	26	1255	685552	A	13	125	5052	101681916
P	9	30	4927	8376246	A	5	12	5040	6201912
P	12	64	3574	23922726	A	13	117	1344	3689082
P	10	42	5643	52999772	A	13	87	655	1050258
M	9	16	5639	41577490					
M	5	11	6417	15159509					
M	3	6	2969	23074413					

Se selecciona una muestra de la cantidad cosechada por municipio, en tres etapas: primero se seleccionan los departamentos, luego en cada departamento

*municipios. A) ¿Cuántos estimadores se pueden utilizar para el total? B)
Estime el total proponiendo los varios estimadores versus el estimador de
Expansión simple. C) Determine la varianza de cada estimador y compare los
resultados en una tabla. D) Escogiendo el mejor estimador determine el total
por región, el total promedio por departamento en cada región y el promedio
municipal en cada región.*

Solución

*a) De acuerdo con el diseño univariable, se pueden plantear 4 diseños genéricos
para estimar el total: Expansión Simple, Estimador de Razón, Estimador de
razón ponderada y Expansión Elemental; pero, al estratificar resultan con
estratificación cada uno de los anteriores dando otros 4 diseños.*

*b) Para el estimador de expansión simple, se tiene $N = 32$ y $n = 17$
departamentos, se toma el estimador*

$$\widehat{Y} = N\frac{\sum\limits_{i=1}^{n} M_i\overline{y}_i}{n} = 4043872$$

*Para el estimador de Expansión simple por estrato, sería un total por región
y luego sumarlos:*

$$\widehat{Y}_{st} = \sum\limits_{h=1}^{L} N_h\frac{\sum\limits_{i=1}^{n_h} M_{ih}\overline{y}_{ih}}{n_h} = 4220520,5$$

*Para el estimador de razón univariable se designa el promedio ponderado por
unidad teniendo en cuenta la cantidad total de municipios en los departamentos, $M = 1122$:*

$$\widehat{Y}_r = M\frac{\sum\limits_{i=1}^{n} M_i\overline{y}_i}{\sum\limits_{i=1}^{n} M_i} = 3549927,03$$

*Para el estimador de razón estratificado se toma un total por región, teniendo
en cuenta la cantidad de municipios por región $M_1 = 197$ región caribe,
$M_2 = 178$ región pacífica, $M_3 = 50$ región amazónica, $M_4 = 68$ región
Orinoquía y $M_5 = 629$ región Andina.*

$$\widehat{Y}_{rst} = \sum\limits_{h=1}^{L} M_h\frac{\sum\limits_{i=1}^{n_h} M_{ih}\overline{y}_{ih}}{\sum\limits_{i=1}^{nh} M_{ih}} = 3434409,5$$

Para el estimador de razón univariable ponderado se designa el promedio ponderado por unidad teniendo en cuenta la cantidad total de municipios en los departamentos, $M = 1122$:

$$\widehat{Y}_{rp} = M\frac{\sum\limits_{i=1}^{n} M_i^2 \overline{y}_i}{\sum\limits_{i=1}^{n} M_i^2} = 3359183,56$$

Para el estimador de razón ponderado estratificado se toma un total por región, teniendo en cuenta la cantidad de municipios por región $M_1 = 197$ región caribe, $M_2 = 178$ región pacífica, $M_3 = 50$ región amazónica, $M_4 = 68$ región Orinoquía y $M_5 = 629$ región Andina.

$$\widehat{Y}_{rpst} = \sum_{h=1}^{L} M_h \frac{\sum\limits_{i=1}^{n_h} M_{ih}^2 \overline{y}_{ih}}{\sum\limits_{i=1}^{nh} M_{ih}^2} = 3490695,34$$

Para el estimador elemental se toma el promedio elemental

$$\widehat{Y}_{s} = M\frac{\sum\limits_{i=1}^{n} m_i \overline{y}_i}{\sum\limits_{i=1}^{n} m_i} = 3827912,44$$

Para el estimador de promedio elemental estratificado se tiene

$$\widehat{Y}_{rst} = \sum_{h=1}^{L} M_h \frac{\sum\limits_{i=1}^{n_h} m_{ih} \overline{y}_{ih}}{\sum\limits_{i=1}^{nh} m_{ih}} = 3456578,58$$

Teóricamente, los estimadores de expansión simple sin y con estrato son sesgados positivamente, como se observa proporcionan resultados demasiado altos con respecto a los otros. El estimador más exacto fue el de razón ponderado (en este caso la base original de los datos presenta un total de 3147951). Este no es el único problema que presenta el estimador de expansión simple como veremos a continuación la alta varianza lo vuelve un estimador inaceptable.

c) Para el estimador de expansión simple, se tiene $N = 32$ y $n = 17$ departamentos, se toma la varianza del estimador y el error estándar

$$V(\widehat{Y}) = N^2 S_b^2 (1 - n/N)/n + \frac{1}{nN} \sum_{i=1}^{n} \frac{M_i^2}{m_i} s_i^2 (1 - \frac{m_i}{M_i}) = 8,86146 \times 10^{+11}$$

$$ee(\widehat{Y}) = \sqrt{V(\widehat{Y})} = \sqrt{8,86146 \times 10^{+11}} = 941353,375$$

Donde S_b^2 representa la varianza muestral de los totales por departamento, en base a los 17 muestreados. Para el estimador de Expansión elemental por estrato, sería la varianza del total por región y luego sumarlas; y juntamente su error estándar:

$$V(\widehat{Y}_{st}) = \sum_{h=1}^{L} \frac{M_h^2 * (1 - n_h/N_h) * S_{\overline{y}_h}^2}{n_h} + \sum_{h=1}^{L} \sum_{i=1}^{n_h} \frac{M_h^2}{n_h^2} \frac{1}{m_{ih}} s_{ih}^2 (1 - \frac{m_{ih}}{M_{ih}})$$

$$V(\widehat{Y}_{st}) = 8,69357 \times 10^{+11}$$

$$ee(\widehat{Y}_{st}) = \sqrt{V(\widehat{Y}_{st})} = \sqrt{8,69357 \times 10^{+11}} = 932393,11$$

A continuación, un resumen de los errores de los estimadores

Estimador	error estándar
Expansión simple	941353.3752
Expansión simple estratificada	1217050.975
Razon	676787.18
Razon separada	1033297.55
Expansión elemental	531367.88
Expansión elemental estratificado	932393.11

Se puede aplicar el formato del intervalo de holgura calculando el error absoluto de los estimadores anteriores con la expresión $\epsilon_a = \widehat{ee} * 2{,}38 * \sqrt{149/145,5}$, donde $\widehat{ee}$ representa el error estándar de los métodos utilizados, donde $n_t = \sum_{i=1}^{n} m_i$ ó $n_t = 150$, representa el número total de unidades elementales y se quiere generar intervalos con al menos la confianza establecida, esto es 95% o más, confianza minima de 95%, etc.

1.2. Muestreo Bivariable

La estimación con dos variables aplica la metodología de la variable auxiliar extendida al muestreo en varias etapas.

Básicamente, se utiliza una variable auxiliar para realizar las estimaciones ya mencionadas en secciones anteriores.

La notación a utilizar es la siguiente:

- $N =$ número de conglomerados en la población.

- $n =$ número de conglomerados seleccionados en muestra aleatoria.

- $M_i =$ número de elementos en el conglomerado i.

- $m_i =$ número de elementos seleccionados en muestra aleatoria del conglomerado i.

- $\overline{M} = \frac{M}{N}$ tamaño promedio de conglomerado para la población.

- $y_{ij} = j$-ésima observación en la muestra del i-ésimo conglomerado.

- $\overline{Y}_i = \frac{1}{m_i} \sum\limits_{j=1}^{m_i} y_{ij} =$ la media muestral para el i-ésimo conglomerado.

1.2.1. Muestreo en dos etapas

Estimador de razón en muestreo bietápico

Para obtener un estimador de razón en el muestreo bietápico se debe disponer de información adicional en la variable auxiliar, ya sea mediciones en las unidades elementales o mediciones del total en las variables primarias seleccionadas junto con la información del total τ_x o μ_x el promedio del conglomerado.

El estimador de razón para el total τ_y es

$$\widehat{Y}_{rx} = \frac{\overline{Y}_s}{\overline{X}_s} \tau_x$$

La varianza estimada insesgada de $\widehat{Y}_{rx}$, bajo el esquema de medias iguales en los conglomerados finales, es:

$$\widehat{V}(\widehat{Y}_{rx}) = \frac{M^2 * (1 - n/N)}{n} \widehat{V}(\overline{y}_{r.}) + \frac{M^2}{n^2} \sum_{i=1}^{n} \left(\frac{M_i - m_i}{M_i} \right) \frac{S_{ri}^2}{m_i}$$

donde S_{ri}^2 es la varianza de los residuales elementales, dada por $S_{ri}^2 = \frac{1}{m_i - 1} \sum\limits_{j=1}^{m_i} \left(y_{ij} - \widehat{R} x_{ij} \right)^2$.

Estimación de razón ponderada

El ajuste de regresión lineal simple puede utilizar $\alpha = 0$ o $\alpha \neq 0$ dependiendo de la relación existente entre las variables principal y auxiliar. En cuyo caso, se presentan dos formas de estimar que tienen en cuenta esas dos alternativas. Se supone que los conglomerados de cada variable elemental presentan media única.

- Caso en que se toma $\alpha = 0$

  Se calcula el coeficiente de regresión por el orígen:

$$\widehat{R}_p = \frac{\sum\limits_{k=1}^{n_t} x_k y_k}{\sum\limits_{k=1}^{n_t} x_k^2}$$

  donde x_k e y_k representan los valores elementales del muestreo.

$$\overline{Y}_{rp} = \widehat{R}_p \mu_x$$

$$V(\overline{Y}_{rp}) = \frac{(1 - n/N)}{n} \widehat{V}\left(\overline{y}_{rp.}\right) + \frac{1}{n^2} \sum_{i=1}^{n} \left(\frac{M_i - m_i}{M_i}\right) \frac{S_{ri}^2}{m_i}$$

  donde $S_{ri}^2 = \dfrac{n\mu_x^2}{\left(\sum\limits_{j=1}^{n} x_{ij}^2\right)^2} \sum\limits_{j=1}^{m_i} \dfrac{(x_{ij}y_{ij} - \widehat{R}_p x_{ij}^2)^2}{m_i - 1}$.

  En esta estimación se puede reemplazar μ_x por τ_x y utilizar una fórmula como la siguiente:

  $\widehat{Y}_{rp} = \widehat{R}_p \tau_x$; $V(\widehat{Y}_{rp}) = M^2 V(\overline{Y}_{rp})$.

- Caso en que se toma $\alpha \neq 0$

  Ahora se presentará la situación $\alpha \neq 0$, que es la forma general.

  Se recomienda que se haga una prueba de hipótesis a cerca de α y el valor no fijo $\widehat{\alpha}$ se tome como entrada en la fórmula y se apliquen las siguientes fórmulas.

$$\widehat{\beta}_i = \frac{\sum\limits_{j=1}^{m_i} x_j(y_j - \widehat{\alpha}_i)}{\sum\limits_{j=1}^{m_i} x_j^2}$$

donde x_j e y_j representan los valores elementales del muestreo y estos
son estimadores de minimos cuadrados.

Para $i = 1, 2, ..., n$, se tiene

$$\overline{y}^*_{lri} = \overline{y}_i + \widehat{\beta}_i(\mu_x - \overline{x}_i)$$

$$\overline{y}^*_{lr} = \frac{\sum\limits_{i=1}^{n} \overline{y}^*_{lri}}{n}$$

Bajo la condición inicial de que los conglomerados presentan media
única en cada variable, sin importar si las regresiones tienen paráme-
tros distintos. Se le suma la expresión $\frac{(1-n/N)}{n}\widehat{V}\left(\overline{y}_{.}\right)$ para robustecer la
varianza siguiente

$$\widehat{V}\left(\overline{y}^*_{lr}\right) = \frac{1 - \frac{n}{N}}{n}\widehat{V}\left(\overline{y}^*_{lri}\right) + \frac{1}{n^2}\sum_{i=1}^{n} \frac{S^2_{\varepsilon i}\left(1 - \frac{m_i}{M_i}\right)}{m_i}$$

Para el total,

$$\widehat{Y}^*_{lr} = M\overline{y}^*_{lr}, \quad V(\widehat{Y}^*_{lr}) = M^2 V(\overline{Y}^*_{lr})$$

Ejemplo **1.6** *Una gran empresa posee una cadena de 180 tiendas en el
primer estrato con un promedio de 200 clientes por tienda. Un investigador
desea realizar estimaciones del promedio por cliente, del promedio por tienda
y del total de las cuentas por cobrar de sus clientes basándose en el promedio
elemental del total de sus compras. De estudios previos se sabe que el promedio
del total comprado por cliente es $\mu_x = 980$, y se tomó una muestra aleatoria
de 8 tiendas, proporcionando la información siguiente.*

Solución

*Cabe destacar que el promedio ponderado y sesgado usado en la expansión
simple, no afecta a las estimaciones de razón pero si a la de regresión, debido
a que si los valores de las variables se encuentran correlacionados ambos
totales aumentarán en la misma proporción al total originando una razón
o pendiente distinta, pero muy similar a la razón o pendiente verdadera.
Según algunos apartes siguientes para estimar la razón existen, bajo muestreo
aleatorio simple, la estimación de Razón y la estimación de Razón ponderada;
y sus resultados son bastante similares cuando la recta pasa por el orígen.*

TIENDA	M_i	m_i	T. C C. C (miles)	1	2	3	4	5	6
1	150	5	x	520	700	1000	400	550	
1	150	5	y	25	32	40	15	17	
2	350	6	x	800	950	500	250	1200	1500
2	350	6	y	30	35	15	10	40	65
3	280	4	x	350	1350	1170	2200		
3	280	4	y	12	50	43	92		
4	260	5	x	140	1450	520	1900	690	
4	260	5	y	7	72	15	85	30	
5	300	6	x	130	1540	450	780	1850	1740
5	300	6	y	5	70	12	35	81	79
6	240	4	x	180	2340	1320	1250		
6	240	4	y	9	92	47	44		
7	275	5	x	140	1880	180	2100	130	
7	275	5	y	5	90	8	95	4	
8	300	5	x	150	1560	760	950	600	
8	300	5	y	7	72	33	42	24	

La siguiente tabla, resume los insumos

M_i	m_i	$\overline{x}_i$	$\overline{y}_i$	s^2_{xi}	s^2_{yi}	s_{xyi}
150	5	634.0	25.8	53280.0	108.7	2241.0
350	6	866.7	32.5	207666.7	387.5	8750.0
280	4	1267.5	49.2	575891.7	1084.9	24904.2
260	5	940.0	41.8	515150.0	1211.7	24730.0
300	6	1081.7	47.0	525896.7	1168.4	24686.0
240	4	1272.5	48.0	778625.0	1158.0	29873.3
275	5	886.0	40.4	1022080.0	2267.3	48097.0
300	5	804.0	35.6	266030.0	581.3	12409.5

Teniendo en cuenta la información, se tiene $\tau_x = N\overline{M}\mu_x$.

El estimador del total por expansión simple es:

$$\widehat{Y} = N\frac{\sum\limits_{i=1}^{n} Y_i}{n} = 180(10914,125) = 1964542,5$$

en miles de pesos.

La varianza del estimador del total es:

$$V(\widehat{Y}) = V_1 + V_2 = 37989552518 + 2763170670 = 40752723188$$

Para el estimador de razón, las estimaciones son:

$$\widehat{R} = \frac{\sum\limits_{i=1}^{n} Y_i}{\sum\limits_{i=1}^{n} X_i} = 0,041332$$

El estimador del total por Razón es:

$$\widehat{Y}_r = \widehat{R}\tau_x = 0,041332(35280000) = 1461297{,}6$$

en miles de pesos.

La varianza del estimador del total es:

$$V(\widehat{Y}_r) = \frac{M^2}{n}\left(1 - \frac{n}{N}\right) V\left(\overline{Y}_{ri}\right) + \frac{M^2}{n^2} \sum_{i=1}^{n} \left(\frac{M_i - m_i}{M_i}\right) \frac{S_{ri}^2}{m_i} = 44868803302{,}4$$

Para el estimador de regresión, las estimaciones son:

$$b = \frac{\sum\limits_{i=1}^{n_t} (X_i - \overline{X})(Y_i - \overline{Y})}{\sum\limits_{i=1}^{n_t} (X_i - \overline{X})^2} = 0,044079445$$

El estimador del total por Regresión es:

$$\widehat{Y}_{rl} = M[\overline{Y} + b(\mu_x - \overline{X})] = 1466461,64$$

en miles de pesos.

La varianza del estimador del total es:

$$V(\widehat{Y}_{rl}) = \frac{M^2}{n}\left(1 - \frac{n}{N}\right) V\left(\overline{Y}_{lri}\right) + \frac{M^2}{n^2} \sum_{i=1}^{n} \frac{S_{ylri}^2 \left(1 - \frac{m_i}{M_i}\right)}{m_i}$$

$$V(\widehat{Y}_{rl}) = 2151041361,2$$

El estimador de regresión ajustado por el orígen es:

$$\widehat{Y}_{rp} = \widehat{R}_p \tau_x = 0,041046994(35280000) = 1448137{,}9$$

en miles de pesos.
La varianza del estimador del total es:

$$V(\widehat{Y}_{rp}) = \frac{M^2}{n^2} \sum_{i=1}^{n} \left(\frac{M_i - m_i}{M_i} \right) \frac{S_{ri}^2}{m_i} = 44871298906{,}8$$

Se observa que el estimador de regresión es notoriamente mejor; ademas, la razón promedio o de razón promedio por el orígen presenta varianza mínima y un resultado óptimo.

La estimación basada en la estimación de razón es más exacta por ser insesgada en el cumplimiento del supuesto de linealidad por el origen. El total elemental es 1426000 miles de pesos es similar al estimador de razón dan las estimaciones correctas. Es mejor definir la estimación de regresión en forma elemental como se hizo aquí y no por expansión simple (bajo el enfoque tradicional) ya que la estimación de expansión simple hace que la estimación de regresión sea sesgada.

El resumen se da a continuación. En este se incluye una varianza robusta de dos etapas.

Estimador	Total estimado	Varianza
Expansión Simple	1964542.5	40752723188
Expansión Elemental	1441575	43494785261
Razón Univariada	1458593	44868803302.4
Razón ponderada	1459880.8	44871298906.8
Razón bivariada	1457876.9	2099032959.8
Regresión bivariada	1466120	2151041361.2

Se observa que la estimación del total por expansión simple supera las otras estimaciones; ese es el sesgo advertido para esta estimación.

Estimador de razón en muestreo polietápico

Para obtener un estimador de razón en el muestreo polietápico se debe disponer de información adicional en la variable auxiliar, ya sea mediciones en las unidades elementales o mediciones del total en las variables primarias seleccionadas junto con la información del total τ_x. El estimador de razón para el total τ_y es

$$\widehat{Y}_r = \frac{\widehat{Y}_s}{\widehat{X}_s}\tau_x$$

Donde se emplea la expansión simple.

La varianza del estimador del total, viene dada por

$$V(\widehat{Y}_r) = \sum_{k=1}^{R-1} \frac{M^2}{n_{1k}}\overline{V}\left(\overline{y}_{rki}\right) + \frac{M^2}{n_1^2}\sum_{i=1}^{n_1}\left(\frac{M_i - m_i}{M_i}\right)\frac{S_{ri}^2}{m_i}$$

donde,

$$S_i^2 = \frac{1}{m_i - 1}\sum_{j=1}^{m_i}(y_{ij} - \overline{y}_i)^2$$

y $n_t = n_1 \times \overline{m}$, es decir n_1 es el total de agrupamientos nominales en la muestra.

Al diferir las medias elementales, es necesario añadir las componentes de las varianzas de las medias elementales involucradas, según el número de etapas. Al definir un muestreo polietápico con reemplazo dentro de cada etapa, con peso fijo, esto es, único y dependiente del factor de elevación global, y utilizando variable auxiliar, se tiene

$$V(\widehat{Y}_r) = V\left(\sum_{i=1}^{n_1}\sum_{j=1}^{m_i} w_{ij}y_{ij}\right)$$

$$V(\widehat{Y}_r) = \tau_x^2 \times V\left(\frac{\sum\limits_{i=1}^{n_1}\sum\limits_{j=1}^{m_i} y_{ij}}{\sum\limits_{i=1}^{n_1}\sum\limits_{j=1}^{m_i} x_{ij}}\right)$$

$$V(\widehat{Y}_r) = \sum_{k=1}^{R-1} \frac{M^2}{n_{1k}}\overline{V}\left(\mu_{rki}\right) + \sum_{i=1}^{N_1} \frac{M^2}{n_1 \times m_i}\sigma_{ri}^2 \times P_i$$

Este resultado sería la varianza estimada insesgada, en el diseño con reemplazo en las más de dos etapas y medias elementales estadísticamente iguales.

Esta estructura es la misma para cualquier diseño en la primera etapa, debido a que la variación de la primera etapa es distinta de la variación elemental. La varianza estimada a partir de la muestra sigue el siguiente formato

$$\widehat{V}(\widehat{Y}_r) = \sum_{k=1}^{R-1} \frac{M^2}{n_{1k}} \overline{V}(\overline{y}_{rk.}) + \sum_{i=1}^{n_1} \frac{M^2}{n_1^2 \times m_i} S_{ri}^2$$

Al definir un muestreo sin reemplazo en las R etapas, se tiene

$$V(\widehat{Y}_r) = V\left(\sum_{i=1}^{n_1} \sum_{j=1}^{m_i} w_{ij} y_{ij}\right)$$

$$V(\widehat{Y}_r) = \tau_x^2 \times V\left(\frac{\sum_{i=1}^{n_1} \sum_{j=1}^{m_i} y_{ij}}{\sum_{i=1}^{n_1} \sum_{j=1}^{m_i} x_{ij}}\right)$$

$$V(\widehat{Y}_r) = \sum_{k=1}^{R-1} \frac{M^2}{n_{1k}} \left(1 - \frac{n_1}{N_1}\right) \overline{V}(\mu_{rki}) + \sum_{i=1}^{N_1} \frac{M^2}{n_1 \times m_i} \left(1 - \frac{m_i}{M_i}\right) \sigma_{ri}^2 \times P_i$$

Este resultado sería la varianza teórica exacta, en el diseño sin reemplazo en las dos etapas del diseño. Esta varianza es válida para cualquier diseño de selección en la primera etapa.

La varianza estimada a partir de la muestra sigue el siguiente formato

$$V(\widehat{Y}_r) = \sum_{k=1}^{R-1} \frac{M^2}{n_{1k}} \left(1 - \frac{n_1}{N_1}\right) \overline{V}(\overline{y}_{rki}) + \sum_{i=1}^{n_1} \frac{M^2}{n_1^2 \times m_i} \left(1 - \frac{m_i}{M_i}\right) \times S_{ri}^2$$

1.3. Polietápico por estratos

El procedimiento de muestreo estratificado consiste, en el caso simple, en realizar estimaciones para cada estrato y luego, obtener una medida ponderada por los tamaños de los estratos. En el muestreo polietápico es posible que la población se encuentre dividida en estratos o que se requiera tomar muestras por etapas de modo que se necesita generalizar los resultados anteriores.

El estimador del total por expansión simple será sesgado y muy variable, por lo que conviene usar el Estimador del promedio elemental, que quedaría definido en la forma habitual, como:

$$\widehat{Y}_{st} = \sum_{h=1}^{L} \widehat{Y}_{sh} = \sum_{h=1}^{L} \sum_{i=1}^{n_h} \sum_{j=1}^{m_{ih}} \frac{M_h}{n_h} \frac{y_{ijh}}{m_{ih}}$$

$$V(\widehat{Y}_{st}) = \sum_{h=1}^{L} \left(\frac{M_h^2}{n_h} \left(1 - \frac{n_h}{N_h} \right) \overline{V}(\overline{y}_{.h}) + \frac{M_h^2}{n_h^2} \sum_{i=1}^{n_h} \frac{M_{ih} - m_{ih}}{M_{ih}} \cdot \left(\frac{S_{ih}^2}{m_{ih}} \right) \right)$$

$\vdots$

Para muestras grandes en cada estrato es válida la aproximación de la media estratificada a la distribución normal; en otros casos, se requiere que la población de estudio sea normal para con alguna certeza aplicar la distribución t. No obstante, en general, se coleccionan suficientes unidades elementales.

1.3.1. Estimador de razón en el caso de estratos

Como se ha comentado, si se tiene información de una variable auxiliar x, se ha definido en literatura el estimador de razón separada, en este caso se adopta la estrategia de valores elementales, del siguiente modo:

$$\widehat{Y}_{rs} = \sum_{h=1}^{L} \widehat{R}_h \tau_{xh}$$

Se calcula la razón en cada estrato y se requiere el total en cada estrato. $\widehat{R}_h$ se estima a partir de los promedios elementales de y y x en las unidades elementales por estrato.

$$\widehat{V}(\widehat{Y}_{rs}) = \sum_{h=1}^{L} \widehat{V}(\widehat{Y}_{rh})$$

$$\widehat{V}(\widehat{Y}_{rh}) = \left(1 - \frac{n_h}{N_h} \right) \frac{V(\overline{y}_{rh})}{n_h} + \frac{M_h^2}{n_h^2} \sum_{i=1}^{n_h} \left(\frac{M_{ih} - m_{ih}}{M_{ih}} \right) \left(\frac{S_{rih}^2}{m_{ih}} \right)$$

donde,

$$S_{rih}^2 = \frac{1}{m_{ih} - 1} \sum_{j=1}^{m_{ih}} \left(y_{ijh} - \widehat{R}_h x_{ijh} \right)^2$$

Debe introducirse una varianza polietápica de promedios elementales, por estrato, para robustecer la estimación.

Al definir un muestreo polietápico con reemplazo dentro de cada etapa, con peso fijo, esto es, único y dependiente del factor de elevación global, y utilizando variable auxiliar, y con estratificación, se tiene

$$V(\widehat{Y_r}) = \sum_{h=1}^{L} V \left(\sum_{i=1}^{n_{1h}} \sum_{j=1}^{m_{ih}} w_{ijh} y_{ijh} \right)$$

$$V(\widehat{Y_r}) = \sum_{h=1}^{L} \tau_{xh}^2 \times V \left(\frac{\sum_{i=1}^{n_{1h}} \sum_{j=1}^{m_{ih}} y_{ijh}}{\sum_{i=1}^{n_{1h}} \sum_{j=1}^{m_{ih}} x_{ijh}} \right)$$

$$V(\widehat{Y_r}) = \sum_{h=1}^{L} \left(\sum_{k=1}^{R-1} \frac{M_h^2}{n_{1kh}} \overline{V}(\mu_{rkih}) + \sum_{i=1}^{N_h} \frac{M_h^2}{n_{1h} \times m_{ih}} \sigma_{rih}^2 \times P_{ih} \right)$$

Este resultado sería la varianza estimada insesgada, en el diseño con reemplazo en las más de dos etapas y medias elementales estadísticamente iguales.

Esta estructura es la misma para cualquier diseño en la primera etapa, debido a que la variación de la primera etapa es distinta de la variación elemental.

La varianza estimada a partir de la muestra sigue el siguiente formato

$$\widehat{V}(\widehat{Y_r}) = \sum_{h=1}^{L} \left(\sum_{k=1}^{R-1} \frac{M_h^2}{n_{1kh}} \overline{V}(\overline{y}_{rk.h}) + \sum_{i=1}^{n_{1h}} \frac{M_h^2}{n_{1h}^2 \times m_{ih}} S_{rih}^2 \right)$$

Al definir un muestreo sin reemplazo en las R etapas, con estratificación, se tiene

$$V(\widehat{Y_r}) = \sum_{h=1}^{L} V \left(\sum_{i=1}^{n_{1h}} \sum_{j=1}^{m_{ih}} w_{ijh} y_{ijh} \right)$$

$$V(\widehat{Y_r}) = \sum_{h=1}^{L} \tau_{xh}^2 \times V \left(\frac{\sum_{i=1}^{n_{1h}} \sum_{j=1}^{m_{ih}} y_{ijh}}{\sum_{i=1}^{n_{1h}} \sum_{j=1}^{m_{ih}} x_{ijh}} \right)$$

$$V(\widehat{Y_r}) = \sum_{h=1}^{L} \left(\sum_{k=1}^{R-1} \frac{M_h^2}{n_{1kh}} \left(1 - \frac{n_h}{N_h} \right) \overline{V}(\mu_{rkih}) + \sum_{i=1}^{N_h} \frac{M_h^2}{n_{1h} \times m_{ih}} \left(1 - \frac{m_{ih}}{M_{ih}} \right) \sigma_{rih}^2 \times P_{ih} \right)$$

Este resultado sería la varianza teórica exacta, en el diseño sin reemplazo en las R etapas del diseño. Esta varianza es válida para cualquier diseño de selección en la primera etapa.

La varianza estimada a partir de la muestra sigue el siguiente formato

$$\widehat{V}(\widehat{Y_r}) = \sum_{h=1}^{L} \left(\sum_{k=1}^{R-1} \frac{M_h^2}{n_{1kh}} \left(1 - \frac{n_{1h}}{N_{1h}} \right) \overline{V}(\overline{y}_{rk.h}) + \sum_{i=1}^{n_{1h}} \frac{M_h^2}{n_{1h}^2 \times m_{ih}} \left(1 - \frac{m_{ih}}{M_{ih}} \right) S_{rih}^2 \right)$$

1.3.2. Estimador de regresión en el caso de estratos

Si se desconoce el coeficiente de regresión, la estimación separada del total es:

$$\widehat{Y}_{lrs} = \sum_{h=1}^{L} M_h \overline{y}_{lrh},$$

donde se usa un promedio elemental

$$\overline{y}_{lrh} = \frac{\sum\limits_{i=1}^{n_h} \overline{y}_{lrhi}}{n_h}$$

$$\overline{y}_{lrhi} = \overline{y}_{ih} + b_{ih}\left(\mu_{xh} - \overline{x}_{ih}\right)$$

$$V(\widehat{Y}_{lrs}) = \sum_{h=1}^{L} V(\widehat{Y}_{lrh})$$

Al definir un muestreo polietápico con reemplazo dentro de cada etapa, con peso fijo, esto es, único y dependiente del factor de elevación global, y utilizando variable auxiliar, y con estratificación, se tiene

$$V(\widehat{Y}_{lr}) = \sum_{h=1}^{L} \left(\sum_{k=1}^{R-1} \frac{M_h^2}{n_{1kh}} \overline{V}\left(\mu_{lrkih}\right) + \sum_{i=1}^{N_h} \frac{M_h^2}{n_{1h} \times m_{ih}} \sigma_{lrih}^2 \times P_{ih} \right)$$

Este resultado sería la varianza estimada insesgada, en el diseño con reemplazo en las más de dos etapas y medias elementales estadísticamente iguales.

Esta estructura es la misma para cualquier diseño en la primera etapa, debido a que la variación de la primera etapa es distinta de la variación elemental. La varianza estimada a partir de la muestra sigue el siguiente formato

$$\widehat{V}(\widehat{Y}_{lr}) = \sum_{h=1}^{L} \left(\sum_{k=1}^{R-1} \frac{M_h^2}{n_{1kh}} \overline{V}\left(\overline{y}_{lrk.h}\right) + \sum_{i=1}^{n_{1h}} \frac{M_h^2}{n_{1h}^2 \times m_{ih}} S_{lrih}^2 \right)$$

Al definir un muestreo sin reemplazo en las R etapas, con estratificación, se tiene

$$V(\widehat{Y}_{lr}) = \sum_{h=1}^{L} \left(\sum_{k=1}^{R-1} \frac{M_h^2}{n_{1kh}} \left(1 - \frac{n_h}{N_h}\right) \overline{V}\left(\mu_{lrkih}\right) + \sum_{i=1}^{N_h} \frac{M_h^2}{n_{1h} \times m_{ih}} \left(1 - \frac{m_{ih}}{M_{ih}}\right) \sigma_{lrih}^2 \times P_{ih} \right)$$

Este resultado sería la varianza teórica exacta, en el diseño sin reemplazo en las R etapas del diseño. Esta varianza es válida para cualquier diseño de selección en la primera etapa.

La varianza estimada a partir de la muestra sigue el siguiente formato

$$\widehat{V}(\widehat{Y}_{lr}) = \sum_{h=1}^{L} \left(\sum_{k=1}^{R-1} \frac{M_h^2}{n_{1kh}} \left(1 - \frac{n_{1h}}{N_{1h}}\right) \overline{V}\left(\overline{y}_{lrk.h}\right) + \sum_{i=1}^{n_{1h}} \frac{M_h^2}{n_{1h}^2 \times m_{ih}} \left(1 - \frac{m_{ih}}{M_{ih}}\right) S_{lrih}^2 \right)$$

1.4. Problemas

SECCIÓN 1.1

1. Cierta ciudad posee una cadena de 50 universidades y desea estudiar los gastos en papelería mensuales de sus estudiantes para lo cual se toma una muestra de 10 universidades y para cada universidad se toma una muestra de sus estudiantes. El número promedio de estudiantes en las universidades es 15000. A continuación aparecen los datos:

UNIVERSIDAD	M_i	m_i	Gastos en papelería (en miles de pesos)
1	12150	8	85,62,70,65,77,50,70,85
2	11250	10	60,55,75,80,70,65,82,76,72,44
3	9800	9	92,50,43,91,67,53,42,65,91
4	17000	8	71,72,65,85,30,95,45,96
5	18300	12	65,70,62,65,81,79,65,73,41,72,85,80
6	14260	10	69,92,47,44,40,35,71,56,88,90
7	13320	12	75,90,81,95,49,98,45,55,63,35,42,38
8	16210	9	71,72,33,42,64,37,44,52,71
9	17080	8	85,56,53,50,60,71,43,68
10	10240	9	87,83,42,50,65,43,82,96,75

Estime el promedio de los gastos en papelería por universidad y por estudiante, usando el estimador de expansión elemental. Construya en cada caso el intervalo de confianza al 95 %.

2. Estime la cantidad total en miles de pesos de los gastos en papelería para los estudiantes de todas las universidades del problema 1. Construya un intervalo de confianza al 95 %

3. Usando los datos del problema 1, estime el promedio de los gastos en papelería por estudiante, suponiendo que el investigador no sabe cuántos estudiantes hay en todas las universidades. Use el estimador de razón y el estimador de razón ponderada. Establezca para cada uno de estos estimadores el límite en el error de estimación.

4. Con los datos del problema 1 estime la proporción de estudiantes cuyos gastos en papelería son superiores a 50 mil pesos y establezca un límite para el error de estimación.

5. Se toma una muestra de 10 departamentos de Colombia para medir la población que ha tomado cierta póliza de seguros. Cada departamento se divide en municipios y a su vez, cada municipio en barrios. Suponga que en Colombia hay un total de 1122 municipios y el total de barrios es 90000. Estime los promedios de personas asegurados por municipios y por barrio. Construya intervalos de confianza la 95 %.

   - El total de la población asegurada estimada es $\widehat{Y}_s = 13{,}554{,}678$.
   - La varianza estimada de $\widehat{Y}_s$ es $\widehat{V}(\widehat{Y}_s) = 3,8792 \times 10^{10}$.

6. Se ha tomado una muestra aleatoria sobre fincas raíces en diversas localidades. Los datos forman una cadena de 100 municipios y se desea estudiar el precio promedio, en millones de pesos, y el precio total de todas las fincas para lo cual se toma una muestra de 5 ciudades y para cada ciudad se toma una muestra de 5 fincas en venta. El número promedio de fincas en los municipios es 46, 50 (en la muestra se incluyeron las 5 de mayor tamaño). A continuación aparecen los datos:

Localidad	M_i	m_i	Precio de las fincas (en millones de pesos)
La cosecha	98	5	220,2500,1600,1250,1500
El parque	84	5	450, 760, 160, 355, 850
La Sonrisa	81	5	2200, 2600, 3000, 2000, 300
Las palmas	74	5	3800, 450, 750, 1200, 920
El Guamo	69	5	1300, 950, 800, 2800, 850

Estime el promedio de los precios de las fincas por ciudad y por unidad, usando el estimador de expansión elemental asumiendo que los agrupamientos tienen igual promedio. Construya en cada caso el intervalo de confianza al 95 %.

7. Estime la cantidad total en miles de pesos de los precios de las fincas inscritas con los datos del problema 6. Construya un intervalo de confianza al 95 %

8. Usando los datos del problema 6, estime el promedio de los precios por finca, suponiendo que el investigador no sabe cuántas fincas hay en todas las ciudades. Use el estimador de razón y el estimador de razón ponderada. Establezca para cada uno de estos estimadores el límite en el error de estimación.

9. Con los datos del problema 6 estime la proporción de fincas cuyos precios son superiores a 450 millones pesos y establezca un límite para el error de estimación.

10. Con los datos del problema 6 Estime el número de conglomerados que se deben seleccionar de la población para cometer un error relativo del 5 % en la estimación de la media.

SECCION 1.2

1. Una gran empresa posee una cadena de 350 tiendas en el primer estrato, para el cual se desean realizar estimaciones del promedio de las cuentas por cobrar de sus clientes basándose en el total comprado por el cliente. De estudios previos se sabe que el promedio comprado por cliente es $\mu_x = 460000$ se tomó una muestra aleatoria de 8 tiendas, proporcionando la información siguiente. Ambas variables en miles de pesos.

TIENDA	M_i	m_i	T. C C. C	1	2	3	4	5	6
1	230	5	x	720	670	980	400	650	
1	230	5	y	25	22	40	12	18	
2	250	6	x	810	930	540	250	1200	1500
2	250	6	y	27	37	15	7	39	45
3	270	4	x	650	1360	1270	2100		
3	270	4	y	19	40	40	72		
4	260	5	x	420	1050	520	1900	690	
4	260	5	y	21	32	25	85	30	
5	320	6	x	130	1740	430	880	1750	1740
5	320	6	y	5	73	13	45	80	79
6	240	4	x	580	2140	1020	980		
6	240	4	y	19	90	47	43		
7	275	5	x	420	680	380	1100	430	
7	275	5	y	15	30	18	45	14	
8	300	5	x	350	760	560	550	300	
8	300	5	y	17	32	23	22	12	

Realice la estimación aplicando estimadores de razón, regresión, y razón ponderada con la variable auxiliar. Evalúe si los datos cumplen los supuestos de linealidad por el orígen y los residuos se distribuyen normalmente. Con base a esto, construya los intervalos de confianza al 95 % para cada estimador.

2. Se desea estudiar la producción de maíz en una región continetal. Para ellos, se dispone de información adicional de la producción de trigo con un total de $288, 10 \times 10^6$ hectáreas. Se extrajo la información de 9 países de un total de 20; divididos por regiones, las regiones divididas por pueblos y los pueblos por zonas (muestreo en etapas).

Estime la producción total de maíz en la región continental, la producción promedio por país, la producción promedio por región, la producción promedio por pueblo y la producción promedio por zona empleando estimadores de expansión simple, estimadores de razón, estimadores de regresión y estimadores de razón promedio. Construya intervalos de confianza al 95 % asumiendo que se puede aplicar la distribución t-Student.

Además, $M = 200$, $M^* = 90{,}000$, $M^{**} = 4{,}230{,}000$ son los números de regiones, pueblos y zonas, respectivamente, en dicha región continental. Por expansión simple, aplicando MAS

$\widehat{T} = 336{,}567{,}238$ hectáreas. Además, $\widehat{V}(\widehat{T}) = 7,45 \times 10^{15}$.

Por el estimador de razón, se tiene $\widehat{T}_r = 239{,}735{,}683$. Con ello, $\widehat{V}(\widehat{T}_r) = 3,8243 \times 10^{12}$.

Para el estimador de regresión se tiene:

$$\widehat{T}_{lr} = 239{,}688{,}619; \quad \widehat{V}(\widehat{T}_{lr}) = 3,46396 \times 10^{12}$$

Por el estimador de razón promedio $\widehat{T}_{rp} = 239{,}573{,}145$. Con ello, $\widehat{V}(\widehat{T}_{rp}) = 3,9131 \times 10^{12}$

3. Con los datos del problema 1, estime el tamaño de muestra en cada etapa y grupo suponiendo un error absoluto del 5 % de la media y una confianza del 95 %. Use el estimador de regresión.

4. En la muestra de localidades sobre la venta de fincas raíces. Los datos forman una cadena de 100 municipios y se desea estudiar el precio promedio, en millones de pesos, y el precio total de todas las fincas para lo cual se toma una muestra de 5 ciudades y para cada ciudad se toma una muestra de 5 fincas en venta. El número promedio de fincas en los municipios es $46,50$ (en la muestra se incluyeron las 5 de mayor tamaño). Se agrega la información adicional del área en m^2 con un promedio de $5000\ m^2$. Aunque las variables no cumplen con una relación lineal, el investigador quiere usar las estimaciones con variables auxiliares. A continuación aparecen los datos:

Ciudad	M_i	m_i	y, precio x, área	y, precio x, área	y, precio x, área	y, precio x, área	y, precio x, área
La Cosecha	98	5	220 1800	2500 27500	1600 2350	1250 13500	1500 14000
El parque	84	5	450 600	760 300	160 200	355 455	850 30000
La Sonrisa	81	5	2200 2200	2600 5000	3000 2500	2000 11000	300 515
Las Palmas	74	5	3800 420	450 4200	750 250	1200 400	920 270
El Guamo	69	5	1300 7000	950 6400	800 8300	2800 21757	850 5400

Estime el promedio de los precios de las fincas por ciudad y por unidad, usando el estimador de razón, regresión por el origen y razón promedio. Construya en cada caso el intervalo de confianza al 95 %.

5. Estime la cantidad total en miles de pesos de los precios de las fincas inscritas con los datos del problema 4. Construya un intervalo de confianza al 95 %

6. Usando los datos del problema 4, estime el promedio de los precios por finca usando los estimadores de razón ajustada, el estimador de regresión y el estimador de la razón promedio ajustado. Establezca para cada uno de estos estimadores el límite en el error de estimación.

7. Con los datos del problema 4 Estime el número de conglomerados que se deben seleccionar de la población para cometer un error relativo del 5 % en la estimación de la media. Use el mejor de los estimadores con variables auxiliares.

8. Brinde algunos argumentos que le permitan decidir si conviene, en este caso particular, rechazar las estimaciones realizadas con dos variables. Explique si se pueden utilizar estas estimaciones ante la violación del supuesto de linealidad.

SECCION 1.3

1. En un estudio se hizo el análisis de 3 estratos en un muestreo por etapas. Las cantidades de unidades elemetales son $M_1 = 3456$, $M_2 = 5923$ y $M_3 = 8651$

   Se desea aplicar estimaciones separadas, donde se encontró lo siguiente

Estrato	total estimado	error estándar
I	32456	1456
II	56784	3472
III	87653	5423

   Construya intervalos de confianza para los totales y promedios por estrato para las distintas estimaciones allí presentadas, usando la distribución normal.

2. Para el ejemplo de 3 líneas de producción se obtuvo la siguiente tabla resumen sobre el recaudo total en un periodo de 10 años: El proce-

   Cuadro 1.1: Resumen de las estimaciones

Estimador	Total estimado	Error estándar
Expansión simple	6.956.950	562468,046
Razón separada	6.333.608,52	253836,687
Razón combinada	6.341.116,08	357748,6241
Regresión separada	6.264.417,56	190224,919
Regresión combinada	6.313.270,90	222502,2165

   dimiento es el siguiente: se muestrean 3 de los 10 años en la primera etapa; luego, se muestrean 2 meses en la segunda etapa, seguidamente se muestrean 2 días en la tercera etapa; y luego, al final, se registran los recaudos diarios en aquella ciudad. Usando la distribución apropiada, construya el intervalo de confianza para cada uno de los métodos y comente al respecto.

3. Se tomó una muestra con probabilidades proporcionales a los tamaños sin reemplazo y sin orden de 4 ciudades por estrato y luego, en cada

ciudad se tomó una muestra sin reemplazamiento de 5 casas en venta, de esta forma se produce un diseño equiprobabilístico. Al medir la variable principal del estudio el precio en millones de pesos y la variable auxiliar el área de la casa en m^2 se obtuvieron los datos adicionales: $\mu_x = 337,88m^2$, el total de casas en venta 18794 repartidas en un total de 100 ciudades por estrato: $M_1 = 648$, $\mu_{1x} = 80$; $M_2 = 7398$, $\mu_{2x} = 160$; $M_3 = 10508$, $\mu_{3x} = 270$. El estrato 1 corresponde a casas con 1 o 2 habitaciones, el estrato 2 son casas con 3 habitaciones y el estrato 3 casas con más de 3 habitaciones. A continuación aparecen los datos

Estrato	Ciudad	M_i						
1	A	25	x	96	83	90	112	216
1			y	100	330	420	140	215
1	B	222	x	68	85	48	71	72
1			y	160	210	98	188	100
1	C	123	x	84	51	83	88	90
1			y	60	85	75	140	85
1	D	37	x	87	59	98	150	85
1			y	230	130	200	350	235
2	E	153	x	90	140	160	207	160
2			y	160	150	165	420	197
2	F	697	x	180	253	149	128	162
2			y	110	400	165	200	250
2	G	193	x	2375	151	1482	400	3000
2			y	1500	731	1000	260	500
2	H	103	x	95	138	83	140	129
2			y	350	410	145	380	340
3	I	4890	x	318	700	247	405	476
3			y	1250	720	600	550	2600
3	J	229	x	327	684	1143	2000	376
3			y	750	1300	1650	7500	880
3	K	178	x	800	137	1000	212	500
3			y	3800	115	2000	950	1800
3	L	46	x	154	102	88	84	340
3			y	239	396	125	128	415

Estime para estos datos el precio promedio de una casa y el precio total sin tener en cuenta la variable auxiliar y aplicando estimadores de expansión. Establezca el error y construya intervalos de confianza al 95 %.

4. Repita el procedimiento, sin utilizar la variable auxiliar, para estimadores de razón, regresión por el orígen y razón promedio.

5. Repita el problema 3 usando la variable auxiliar y aplicando estimación de razón, regresión por el orígen y razón promedio separadas.

6. Repita el problema 3 aplicando la variable auxiliar y las estimaciones de regresión y razón promedio separadas.

7. Repita el problema 5 aplicando estimadores combinados.

8. Repita el problema 6 aplicando estimadores combinados.

Capítulo 2

Complejos I

En este capítulo detallaré tres secciones principales del muestreo complejo univariable, a saber: las propiedades del modelo, el M.A.S anidado y el muestreo polietápico por estratos.

A través de este capítulo se muestra una forma diferente de realizar el muestreo por etapas visto en la sección anterior, superando los impases del procesamiento de los datos y originando mejores resultados como se demuestra en este capítulo.

2.1. Introducción

Una de las verdades de este capítulo es el funcionamiento equilibrado de los diseños univariables conocidos, como el estimador de razón simple y el estimador de razón ponderada; bajo el supuesto de conglomerados elementales con media fija. Esta propiedad no la tiene el estimador de Expansión Simple pero si el estimador de Expansión Elemental.

El hecho de que el supuesto de media única se implante no es una condición difícil de cumplirse; es decir, no representa un obstáculo para las aplicaciones, puesto que los estimadores en cierta forma al evaluarse tienden a equilibrar un promedio. Por lo tanto, como el promedio elemental suele ser un estimador equilibrado del centro, el supuesto de conglomerados elementales con media única es útil para simplificar las cosas.

Entre los estimadores univariados presentados anteriormente, la expansión elemental define un promedio de pesos iguales y los otros dos, definen promedios de pesos diferentes. Sería inusual pensar que estos promedios fueran diferentes porque al evaluar los estimadores darían resultados heterogéneos, lo cual se soluciona con un estimador Exhaustivo. De hecho, no se busca favorecer un punto de vista, sino estudiar algunas propiedades naturales que surgen del supuesto de la igualdad de medias elementales, sin desvirtuar que en muchas aplicaciones se pueden encontrar dispariedades y ante eso se recurre a otro estimador. A su vez, el hecho de tener conglomerados elementales con medias matemáticamente iguales (supuesto fuerte) hace que tanto el promedio elemental como su varianza sean de procesamiento sencillo y con alta eficiencia entre los estimadores insesgados. Es por eso, que no se hace hincapié en que los promedios sean exactamente iguales, sino en un supuesto de equilibrio y un robustecimiento de la varianza del estimador incluyendo la variación de medias en conglomerados elementales.

Ejemplo **2.1** *El siguiente conjunto de datos consiste en un muestreo bietápico de 3 grupos sin reemplazo de un total de 5 grupos pertenecientes a una escuela, y de cada grupo, se eligen 5 estudiantes y se toma como respuesta elemental la calificación promedio global.*

En este caso, en total son 150 estudiantes y los grupos 1, 2 y 3 tienen $M_1 = 20$, $M_2 = 25$ y $M_3 = 30$.

A continuación aparecen los datos; con ello, haga estimaciones del total, el promedio elemental y sus varianzas.

ID/GRUPO	1	2	3
1	2.74	3.15	1.76
2	2.72	2.80	4.07
3	4.01	3.59	4.25
4	3.36	2.94	3.29
5	3.02	3.36	3.80
prom	3.17	3.17	3.43

Solución

En principio, el total elemental se calcula como $\widehat{Y}_s = M\frac{\sum\limits_{i=1}^{n}\overline{y}_i}{n}$, *esto es*
$\widehat{Y}_s = 150\frac{3,17+3,17+3,43}{3}$; *el cual arroja*

$\widehat{Y}_s = 488,76$ *y* $\widehat{V}(\widehat{Y}_s) = 567,82$; *correspondientes a un estimador de fácil cómputo.*

La media global del muestreo estimada es $\overline{y}_s = 3,26$, *valor cercano a la media teórica de 3.2 (se obtiene dividiendo el total por* $M = 150$).

Además, la muestra 3 dió un mayor promedio que hace sospechar que las poblaciones tienen distinto promedio, hecho que no se cumple en este caso. Aún cuando los promedios muestrales sean diferentes es posible que los promedios verdaderos constituyan una media única.

Este resultado enseña que la estimación elemental es equilibrada, aunque pueda tener comportamientos aparentemente no fijos en la media de los agrupamientos elementales.

2.1.1. Supuestos Básicos

Existe una terna de supuestos claves, que debe tener todo diseño de muestreo en varias etapas:

- Valores elementales de población con media única.

- Principio de Aleatorización.

- Pesos de muestreo fijos o aleatorios.

Ejemplo **2.2** *Los gastos en acueducto por hogar de 3 barrios de un sector con 5 barrios, en un municipio del Atlántico, se muestran a continuación*

Los pesos se consideran fijos, de modo que, su estimador es una expansión elemental.

ID/Barrio	1	2	3
1	115	86	176
2	74	56	50
3	175	75	56
4	27	78	116
5	66	129	114
6	41	109	53
7	307	83	135
8	63	59	86
9	62	97	128
10	57	128	77
11	48	112	184
12	64	41	70
13	13	143	92
14	30	88	92
15	72	15	69
prom	81	87	100

Las viviendas por barrio son $M_1 = 20$, $M_2 = 25$, $M_3 = 30$, $M_4 = 35$, $M_5 = 40$.

Interprete los supuestos del modelo, bajo estas condiciones.

Solución

Los supuestos se siguen a continuación

Las medias teóricas de los agrupamientos son iguales a 100.

Las muestras de 15 viviendas por barrio son aleatorias.

Los pesos se consideran fijos, de modo que, su estimador es una expansión elemental.

En los 5 barrios hay aproximadamente 50 viviendas.

Las fórmulas anteriores dan

$\widehat{Y}_s = 13363{,}93$ y $\widehat{V}(\widehat{Y}_s) = 1373735{,}82$; correspondientes a un estimador elemental con la varianza sobrevalorada.

La media global del muestreo estimada es $\overline{y}_s = 89{,}09$, valor no cercano a la media teórica de 100 (se obtiene dividiendo el total por $M = 150$).

Además, las muestras 1 y 2 dan menores promedios que hace sospechar que las poblaciones tienen distinto promedio, hecho que no se cumple en este caso. Aún cuando los promedios muestrales sean diferentes es posible que los promedios verdaderos constituyan una media única.

Este resultado enseña que la estimación elemental es equilibrada, aunque pueda tener comportamientos aparentemente no fijos en la media de los agrupamientos elementales.

2.1.2. Enfoque derivado

El estudio de los diseños de muestreo por etapas, a partir de los supuestos anteriores, es un enfoque novedoso, debido a que ofrece la ruta para hacer un mejor tratamiento de los datos. Cuando se toman estos supuestos como base, se puede hacer el tratamiento de los datos aplicando las propiedades del diseño.

Suponga que el interés recae en estimar el promedio elemental global, entonces, puede hacerse uso de un promedio simple de valores elementales que no involucra los tamaños de los conglomerados, pero se robustece con una varianza polietápica de fácil cómputo.

No obstante, el principio de aleatorización trata de que se debe disponer de marcos muestrales bien elaborados y por lo tanto, seben ser conocidos los tamaños en las diferentes etapas.

Ejemplo **2.3** *Los gastos semanales en papelería, en miles de pesos, de los estudiantes de 5 universidades tomadas sin reemplazo de un grupo de 20 se muestrean del siguiente modo: en cada universidad muestreada se toma una muestra de 200 estudiantes y se presentan la media y la varianza elementales de cada una.*

En este caso, sólo se requiere estimar el gasto promedio por estudiante, a través de un intervalo holgado al 95 %.

Defina muestras de 2000 unidades, tomando los diseños 5×400, 8×250, 10×200 y 16×125. Comente los resultados.

Universidad	Promedio	Varianza
1	15.6	24.32
2	19.4	16.23
3	17.6	22.12
4	18.3	21.43
5	17.8	20.51

Solución

Al medir el promedio de 200 estudiantes en cada unidad muestreada,
se puede definir, el gasto promedio por estudiante como $\overline{y}_s = \frac{\sum\limits_{i=1}^{n} \overline{y}_i}{n}$, *esto*
es, $\overline{y}_s = \frac{15{,}6+19{,}4+17{,}6+18{,}3+17{,}8}{5}$, *es decir,* $\overline{y}_s = 17{,}74$.

Su varianza robusta es $\widehat{V}(\overline{y}_s) = (1 - n/N)\frac{s_{\overline{y}}^2}{n} + \frac{1}{n^2}\sum\limits_{i=1}^{n}\frac{s_i^2}{m_i}$, *es decir,*
$\widehat{V}(\overline{y}_s) = 0{,}308622$, *el intervalo holgado al 95 %, sería* $L_i = 17{,}74 -$
$2{,}38\sqrt{0{,}308622}\sqrt{\frac{999}{995{,}5}}$ *y* $L_s = 17{,}74 + 2{,}38\sqrt{0{,}308622}\sqrt{\frac{999}{995{,}5}}$, *esto es,*
$L_i = 16{,}41$ *y* $L_s = 19{,}07$.

Luego, con una confianza de al menos 95 %, el promedio por estudiante
de gastos en papelería, en las 20 universidades, se encuentra entre
16410 y 19070 pesos, por semana.

Se incluye la variación de la primera etapa, para que la varianza sea
correcta y no haga una subestimación de la misma.

A continuación, esbozo los diferentes diseños

Diseño	Varianza simulada	error absoluto
5 × 400	0.298	1.300
8 × 250	0.154	0.936
10 × 200	0.106	0.777
16 × 125	0.034	0.442

A pesar de contener, cada diseño 2000 estudiantes, la forma de distri-
buir origina distintos errores simulados, por lo cual, estos resultados se
vuelven más precisos al incluir más unidades primarias o nominales, lo
cual, aumenta los costos y la dificultad en la recogida de los datos. Esto
parece ser un resultado que era de esperarse, no obstante, aquí se trata

de definir un error máximo admisible, que no siempre será el inferior o el más pequeño.

La propiedad de invarianza permite inferir que para disminuir la varianza de un estimador de muestreo aleatorio sin reemplazo en cada etapa, se debe manipular los factores de corrección haciendo que se disminuya la varianza al aumentar la fracción de muestreo. Como se discutirá a continuación, en el muestreo por etapas con reemplazo no hay factores de corrección, y es su varianza de tendencia constante, al mantener el número total de unidades elementales.

2.2. Propiedades del modelo

Las propiedades del modelo son cinco: la propiedad de nominalidad, la propiedad de eficiencia, la propiedad de robustez, la propiedad compleja y la propiedad de invarianza. A continuación se explican.

2.2.1. La propiedad de nominalidad

En el ejemplo anterior se muestrean 5 universidades y en cada una 200 estudiantes; por lo que, las unidades de la primera etapa, responden a las universidades; que serían las variables nominales; entre tanto, que los estudiantes serían las unidades experimentales elementales, en total, son 1000 valores de los gastos en papelería, en miles de pesos.

Sin lugar a dudas, si se cumple que los promedios de los gastos en papelería son iguales, sólo sería una hipótesis estadística, es decir, de igualdad aproximada, pero, al incluir la variación nominal se da por hecho que cualquier muestreo por etapas, tiene dos variaciones: la variación elemental y la variación nominal; a su vez, en un muestreo polietápico se recogen tambien esas dos variaciones.

Si bien la hipótesis de conglomerados elementales con media única, tiene un abordaje no matemático, su supuesto permite desarrollar únicamente dos variaciones, que dan una estimación robusta de su varianza.

Por lo tanto, la propiedad de nominalidad busca recoger la variación nominal de los promedios elementales, que tendría en cuenta todos los promedios de agrupamiento elemental.

El hecho de que se tengan más de 2 etapas, pero, los promedios elementales de distintos agrupamientos se consideren estadísticamente iguales hace homologar conglomerados diferentes, obteniendo así las dos fuentes de variación mencionadas.

2.2.2. Eficiencia del Estimador Elemental

Al definir un muestreo bietápico con reemplazo dentro de cada etapa, con peso fijo, esto es, único y dependiente del factor de elevación global, se tiene

$$V(\widehat{Y}) = V\left(\sum_{i=1}^{n}\sum_{j=1}^{m_i} w_{ij}y_{ij}\right)$$

$$V(\widehat{Y}) = V\left(\sum_{i=1}^{n}\sum_{j=1}^{m_i} \frac{M}{n \times m_i}y_{ij}\right)$$

$$V(\widehat{Y}) = V\left(E\left(\sum_{i=1}^{n}\sum_{j=1}^{m_i} \frac{M}{n \times m_i}y_{ij}\right)\right) + E\left(V\left(\sum_{i=1}^{n}\sum_{j=1}^{m_i} \frac{M}{n \times m_i}y_{ij}\right)\right)$$

$$V(\widehat{Y}) = \left(\sum_{i=1}^{N} \frac{M^2}{n}V(\mu_i) \times P_i\right) + E\left(\sum_{i=1}^{n} \frac{M^2}{n^2 \times m_i}S_i^2\right)$$

$$V(\widehat{Y}) = \frac{M^2}{n}\overline{V}(\mu_i) + \sum_{i=1}^{N} \frac{M^2}{n \times m_i}\sigma_i^2 \times P_i$$

Este resultado sería la varianza estimada insesgada, en el diseño con reemplazo en las dos etapas y medias elementales estadísticamente iguales.

Esta estructura es la misma para cualquier diseño en la primera etapa, debido a que la variación de la primera etapa es distinta de la variación elemental.

La varianza estimada a partir de la muestra sigue el siguiente formato

$$\widehat{V}(\widehat{Y}) = \frac{M^2}{n}\overline{V}(\overline{y}.) + \sum_{i=1}^{n} \frac{M^2}{n^2 \times m_i}S_i^2$$

Al definir un muestreo sin reemplazo en las dos etapas, se tiene

$$V(\widehat{Y}) = V\left(\sum_{i=1}^{n}\sum_{j=1}^{m_i} w_{ij}y_{ij}\right)$$

$$V(\widehat{Y}) = V\left(\sum_{i=1}^{n}\sum_{j=1}^{m_i}\frac{M}{n\times m_i}y_{ij}\right)$$

$$V(\widehat{Y}) = V\left(E\left(\sum_{i=1}^{n}\sum_{j=1}^{m_i}\frac{M}{n\times m_i}y_{ij}\right)\right) + E\left(V\left(\sum_{i=1}^{n}\sum_{j=1}^{m_i}\frac{M}{n\times m_i}y_{ij}\right)\right)$$

$$V(\widehat{Y}) = \left(\sum_{i=1}^{N}\frac{M^2}{n}\left(1-\frac{n}{N}\right)V(\mu_i)\times P_i\right) + E\left(\sum_{i=1}^{n}\frac{M^2}{n^2\times m_i}S_i^2\times\left(1-\frac{m_i}{M_i}\right)\right)$$

$$V(\widehat{Y}) = \frac{M^2}{n}\left(1-\frac{n}{N}\right)\overline{V}(\mu_i) + \sum_{i=1}^{N}\frac{M^2}{n\times m_i}\sigma_i^2\times\left(1-\frac{m_i}{M_i}\right)\times P_i$$

Este resultado sería la varianza teórica exacta, en el diseño sin reemplazo en las dos etapas del diseño. Esta varianza es válida para cualquier diseño de selección en la primera etapa.

La varianza estimada a partir de la muestra sigue el siguiente formato

$$\widehat{V}(\widehat{Y}) = \frac{M^2}{n}\left(1-\frac{n}{N}\right)\overline{V}(\overline{y}.) + \sum_{i=1}^{n}\frac{M^2}{n^2\times m_i}S_i^2\left(1-\frac{m_i}{M_i}\right)$$

En la situación práctica, el supuesto de medias elementales iguales en los diferentes conglomerados, tiene un significado estadístico; por lo que esta varianza debe incluir una componente por etapa, pero, bajo el estimador elemental suele ser sencilla y de fácil cómputo.

En este libro, se trata de dar énfasis a la propiedad de medias únicas, lo que reduce la varianza polietápica a varianza unietápica; pero, en fines prácticos no; porque va a existir diferencia entre las medias elementales de los conglomerados, que aunque sea pequeña debe recogerse por un componente de varianza en cada etapa.

Ejemplo **2.4** *Suponga que se desea muestrear una población única con media y varianzas específicas en sus conglomerados; esto es, en los diferentes conglomerados los valores elementales se distribuyen como una sola población homogénea. Comente si en un muestreo bietápico afectaría la forma de tomar las unidades en cada etapa, es decir, la forma de dividir la muestra. Imagine que son 1800 unidades elementales; es lo mismo tomar aleatoriamente 20 conglomerados y de cada conglomerado 90 unidades; qué tomar 40 conglomerados y 45 unidades*

 J. Tilano

en cada conglomerado?

Solución

Esta es una pregunta que no es fácil de responder y puede generar bastante polemica. Sin embargo, bajo las condiciones de abarcar más conglomerados (esto es, mayor diversidad), con la condición propuesta la opción de tomar menos conglomerados no debe arrojar el mismo resultado por que las unidades no vienen de la misma población con idéntica media y única varianza. Si se utilizan menos conglomerados en la primera etapa el muestreo es más simple en la selección; pero, en muchas ocasiones suele ser menos eficiente.

Por su parte, la teoría simulada de los errores puede ser útil para dar respuesta a esta pregunta mediante el uso de una muestra piloto, tal como se presenta en el capítulo 4.

2.2.3. Propiedad de Robustez

Cuando se cumple el supuesto de que las medias de los agrupamientos dentro de un mismo estrato son estadísticamente iguales, se cumple que la varianza estimada del diseño no depende de la forma como sean seleccionados los agrupamientos, debido a que suele ignorarse la variación no elemental.

En la práctica, es mejor una fórmula robusta que funcione bien en todos los casos. Debido a que el estimador elemental se basa en promedios grupales; se necesita la variación de los promedios en los grupos involucrados en cada etapa.

La varianza polietápica es robusta, mientras que la varianza elemental no lo es, es por eso, que conviene corregir la varianza introduciendo las etapas nominales en la varianza de cada estimador.

2.2.4. Propiedad Compleja

El término propiedad compleja se refiere a que el muestreo aleatorio simple en cada etapa (principio de aleatorización) produce variables elementales independientes, por lo que, bajo este muestreo probabilístico, la varianza de sumas es una suma de varianzas.

De este modo, se tiene, para un muestreo sin reemplazamiento, con pesos fijos

$$\widehat{V}(\widehat{Y}) = V\left(\sum_{i=1}^{n}\sum_{j=1}^{m_i} w_{ij}y_{ij}\right) = \sum_{i=1}^{n}\sum_{j=1}^{m_i} w_{ij}^2 V(y_{ij})$$

Lo cual resulta en

$\widehat{V}\left(\widehat{Y}_s\right) = M^2\left(1 - \frac{n}{N}\right)\frac{\overline{V}(\overline{y}_i)}{n} + \frac{M^2}{n^2}\sum_{i=1}^{n}\frac{S_i^2}{m_i}\left(1 - \frac{m_i}{M_i}\right)$, para cualesquieras valores n, m_i para $i = 1, 2, 3, ..., n$. Esto es, la estructura es una sola, la forma es variada, esto es, los resultados.

Esta varianza debe incluir en muestreo bietápico la varianza de los n promedios grupales.

2.2.5. Propiedad de Invarianza

En un muestreo aleatorio por etapas con reemplazamiento, no hay factores de corrección; y la varianza, bajo los supuestos de medias elementales y varianzas elementales de agrupamiento iguales; no depende de la forma como se elijan n y m siempre que se mantenga constante su producto nm.

Por lo tanto, la varianza en muestreo con reemplazamiento en cada etapa bajo M.A.S va a ser siempre igual.

Ejemplo **2.5** *Estudiemos un M.A.S con reemplazo en las dos etapas, donde las medias no son iguales y las varianzas tampoco. En este caso, la varianza de la etapa nominal y la varianza elemental se suman, y estos supuestos garantizan que la varianza es siempre igual.*

Por otro lado los pesos del muestreo con reemplazo son de la forma

$p_i = \dfrac{M_i^{m_i} \times \sum_{l=1}^{k(n)}\prod_{j=1}^{n-1} M_{jl}^{m_{jl}}}{\sum_{k=1}^{N} M_k^{m_k} \times \sum_{l=1}^{k(n)}\prod_{j=1}^{n-1} M_{jl}^{m_{jl}}}$, *que al ser pesos similares dan por sentado la*

propiedad de invarianza.

Se tiene una población de 3 conglomerados, como sigue

$M_1 = 6; x_1 = c(5, 16, 5, 7, 3, 4)$

$M_2 = 5; x_2 = c(5, 4, 6, -7, 170)$

$M_3 = 4; x_3 = c(-28, 5, 7, 10)$

$n = 3; m = 2$

Primero, se estiman $6^2 = 36$, $5^2 = 25$ y $4^2 = 16$. Ahora, se forman $N^n = 27$ diseños. Con ayuda de la fórmula, se tiene $36 + 25 + 16 = 77$ y los pesos son $k_1 = 36 * 77 + 36 * (77 - 36)$, $k_2 = 25 * 77 + 25 * (77 - 25)$ y $k_3 = 16 * 77 + 16 * (77 - 16)$. Por lo tanto, $k = c(4248, 3225, 2208)$ Ahora, $p_i = \frac{k}{\sum_{i=1}^{3} k}$.

Los valores de las varianzas son

$sd_1 = var(x_1) * 5/6$

$sd_2 = var(x_2) * 4/5$

$sd_3 = var(x_3) * 3/4$

$sd = c(sd1, sd2, sd3); sd$

$v_n = var(c(mean(x_1), mean(x_2), mean(x_3)))/(n * m)$

$ve = 1/n * sum(sd * pi)/m; ve$

$n = 2;\ m = 3$

Para el caso $m = 3$, se estiman $6^3 = 216$, $5^3 = 125$ y $4^3 = 64$. Ahora, se forman $N^n = 9$ diseños. Con ayuda de la fórmula, se tiene $k = c(64237104, 42509125, 24189056)$

En este caso, se busca la inclusión del elemennto a partir de la fórmula p_{i1}, que no es igual al caso anterior, donde se redujo significativamente. Ahora, $p_{i1} = \frac{k}{\sum_{i=1}^{3} k}$

$ve_1 = 1/n * sum(sd * pi1)/m; ve_1; vn$

$sd = c(18{,}88;\ 4537{,}84;\ 237{,}25)$

$ve = 1/n * sum(sd * pi)/m$

$ve = 262{,}3459$

$ve_1 = 254{,}3901$

$v_n = 63{,}34006$

Para la varianza real teórica se suman las componentes elemental y nominal dando similares resultados.

A pesar de tener medias diferentes y varianzas diferentes y pesos dife-

rentes, los dos resultados se consideran aproximados el uno al otro.

Ejemplo **2.6** *Suponga que se toma un muestreo por conglomerados de una población de unidades elementales distribuidas según una población gamma con parámetros $\alpha = 5$ y $\beta = \frac{1}{220}$. Se tendrá esta hipótesis en todos los conglomrerados salvo por errores minimos de agrupamiento. si el muestreo consta de 500 unidades elementales en total elegidas sin reemplazamiento de un total de 20000. Obtenga, por aproximación, los parámetros teóricos del total y su varianza, bajo el estimador de expansión elemental de la propiedad de invarianza.*

Solución

En este caso, se tienen los parámetros $M = 20000$, $\mu_y = 1100$ producto de los parámetros de la distribución gamma $f(y) = \frac{y^4 * e^{-\frac{y}{220}}}{220^5 * \Gamma(5)}$. El total teorico es 220 millones y su varianza teorica es $1{,}8876 * 10^{11}$, bajo la fórmula de muestreo sin reemplazamiento.

En este caso, la propiedad de invarianza no se cumple por ser un muestreo sin reemplazo, para el cual, el aumento de las fracciones de muestreo puede disminuir significativamente la varianza del estimador.

Ejemplo **2.7** *Al igual que el ejemplo anterior, supongamos poblaciones con medias diferentes, en muestreo de 3 etapas.*

En la primera etapa existen 3 conglomerados de tamaños 3, 4 y 4. En estos 11 conglomerados las medias elemetales teóricas son 100, 150, 200, 250, 300, 350, 400, 450, 500, 550 y 600. Y sus varianzas también son diferentes.

En la medida de que existe un fallo de la igualdad de medias en los 11 conglomerados elementales, se espera que el estimador de expansión elemental falle; pero no, el intervalo con la varianza real produce una confianza empírica de ciento por ciento.

El estimador es sesgado porque las medias son diferentes, pero, es equilibrado; propiedad que no la tiene el estimador de Expansión Simple, ya que sus 11 tamaños de conglomerados elementales difieren, así como en las demás etapas.

Otro aspecto interesante es que la estimación de la varianza si debe

---

incluir las tres etapas, aunque su cálculo es rápdo y da excelentes resultados.

$VYgor = 8{,}569259e + 12$

$ss = (s12+s22+s32+s42+s52+s62+s72+s82+s92+s102+s112)/11$

$M^2 * (v2 + v3 + ss/140) = 8{,}509262e + 12$

Esta es la varianza teórica real basada en tres etapas, conforme a los parámetros.

$M^2 * v2 + ss/140 * M^2 = 1{,}033372e + 12$

Esta varianza subvalora por incluir sólo 2 etapas.

$ss * M^2/140 = 146821463499$

El sesgo de la varianza del estimador aumenta, si sólo se utiliza la variación elemental.

$c(VYgor1, VYgor1 + VYgor2, VYgor1 + VYgor2 + VYgor3)$

1.709863e+11; 7.225103e+12; 7.475777e+12

Esta es una varianza estimada, que como se observa con la suma de las tres etapas se acerca al objetivo.

2.3. M.A.S. en cada etapa

El muestreo aleatorio simple por etapas consiste en la selección aleatoria por etapas, lo cual origina una dependencia entre etapas del diseño, pero, independencia entre variables.

2.3.1. Muestreo Bietápico

Existe un estimador univariable en dos etapas, el estimador tradicional de Expansión Simple bietápico, que tiene alto sesgo positivo y variación muy alta, bajo tamaños heterogéneos; y por esto, se propone el estimador de Expansión elemental bietápico, un nuevo estimador. Los resultados que se obtienen con estos dos estimadores son generalizables al muestreo aleatorio simple con cualquier número de etapas.

Suponga que se tienen N unidades primarias llamadas conglomerados de las cuales se seleccionan n, por vía al azar, bajo muestreo aleatorio simple. Para la unidad primaria i se van a muestrear aleatoriamente m_i elementos de un total M_i, que es el tamaño del conglomerado i-ésimo.

Distribución de la Variable Contadora

Bajo muestreo sin reemplazo en las dos etapas, se puede definir la variable contadora F_i que representa el número de veces que aparece incluida la unidad primaria i, en el plan de muestreo. Esta variable bajo muestreo sin reemplazo toma el valor 1 si dicho elemento está incluido y 0 si el elemento mencionado no aparece en la muestra.

La distribución de las variables F_i que representa la muestra, no es uniforme como se pensaba aunque el diseño fuese balanceado, sino que presenta una distribución multivariada dada por

$$h(f_1, f_2, ..., f_N; n, Np_1, Np_2, ..., Np_N; N) = \frac{\Pi_{i=1}^{N} \binom{Np_i}{f_i}}{\sum\limits_{k=1}^{K} \Pi_{i=1}^{N} \binom{Np_i}{f_i}_k}$$

donde $f_i = 1$ si la unidad primaria i está incluida en la muestra y $f_i = 0$ si la unidad i no está incluida; con $p_i = \dfrac{\frac{N}{n} \binom{M_i}{m_i} \sum\limits_{j=1}^{j(n)} \Pi_{r \neq i}^{n-1} \binom{M_r}{m_r}_j}{\sum\limits_{i=1}^{N} \frac{N}{n} \binom{M_i}{m_i} \sum\limits_{j=1}^{j(n)} \Pi_{r \neq i}^{n-1} \binom{M_r}{m_r}_j}$ y

$K = \binom{N}{n}$, donde $j(n) = \binom{N-1}{n-1}$ y $\sum\limits_{i=1}^{N} p_i = 1$.

La distribución marginal puede ser escrita en la forma siguiente

$$h(f_i; \pi_i) = \pi_i^{f_i} \left(1 - \pi_i\right)^{1-f_i}$$

Para $f_i = 1$ si la muestra incluye el elemento i y $f_i = 0$ si la muestra no incluye al elemento i; donde $i = 1, 2, ..., N$.

Análisis del Estimador de Expansión Simple

El estimador de Expansión Simple se trata de un estimador sesgado de la media poblacional y con alta Varianza.

Esto se enuncia en el siguiente teorema.

Teorema 1 *Estimador de Expansión Simple*
El estimador tradicional de expansión simple, bajo muestreo bietápico, del total, definido como
$$\widehat{Y} = N \sum_{i=1}^{n} \frac{y_i}{n} = N \sum_{i=1}^{n} \frac{M_i \overline{y}_i}{n}$$
presenta las siguientes propiedades

- *Se trata de un estimador sesgado.*

- *Se trata de un estimador con mayor variabilidad que los estimadores de razón, regresión y de Expansión elemental.*

Demostración

- *Sobre el sesgo.*

  Para determinar el sesgo del estimador de Expansión Simple
  $\widehat{Y} = N \sum_{i=1}^{n} \frac{y_i}{n} = N \sum_{i=1}^{n} \frac{M_i \overline{y}_i}{n}$, *se debe tener en cuenta la probabilidad de inclusión de cada unidad* Y_i, *que representa el total de la primera etapa. Así, se puede escribir esto en la siguiente forma*
  $$\pi_i = n \frac{\frac{N}{n}\binom{M_i}{m_i} \sum_{j=1}^{j(n)} \Pi_{r \neq i}^{n-1} \binom{M_r}{m_r}_j}{\sum_{i=1}^{N} \frac{N}{n}\binom{M_i}{m_i} \sum_{j=1}^{j(n)} \Pi_{r \neq i}^{n-1} \binom{M_r}{m_r}_j}, \text{ } \textit{bajo muestreo sin reemplazamiento.}$$
  Luego, se tiene

$$\widehat{Y} = N \sum_{i=1}^{N} \frac{Y_i}{n} F_i$$

$$E\left(\widehat{Y}\right) = N \sum_{i=1}^{N} \frac{Y_i}{n} E\left(F_i\right)$$

$$E\left(\widehat{Y}\right) = N \sum_{i=1}^{N} \frac{Y_i}{n} \pi_i$$

$$E\left(\widehat{Y}\right) = N \sum_{i=1}^{N} \frac{Y_i}{n} n p_i$$

De este modo, se tiene que

$$Sesgo\left(\widehat{Y}\right) = E\left(\widehat{Y}\right) - \tau_y = N \sum_{i=1}^{N} Y_i p_i - \sum_{i=1}^{N} Y_i$$

Y_i representa el total primario según el peso de la misma.

Para el muestreo con reemplazo con orden, ese mismo sesgo presenta la misma estructura, sólo que ahora, se tiene que reemplazar las combinaciones por las permutaciones.

Estos dos sesgos suelen ser muy importantes, no despreciables, puesto que a mayor tamaño mayor total y mayor peso; debido a la alta correlación positiva del total de la muestra con el peso. En general, por esto, el sesgo será positivo. Sólo en el caso de que todos los conglomerados tienen igual tamaño y se muestrea la misma fracción se tendrá un insesgamiento del estimador de Expansión Simple.

- Sobre la Varianza.

Al utilizar las propiedades de la variable contadora dadas anteriormente, se tiene que

$$V\left(\widehat{Y}\right) = V\left(E\left(\frac{N}{n}\sum_{i=1}^{n} M_i \overline{y}_i\right)\right) + E\left(\widehat{V}\left(N \sum_{i=1}^{n}\sum_{i=1}^{m_i} \frac{M_i y_{ij}}{n m_i}\right)\right)$$

$$V\left(\widehat{Y}\right) = V\left(\frac{N}{n}\sum_{i=1}^{n} Y_i\right) + E\left(\frac{N^2}{n^2}\sum_{i=1}^{n} \frac{M_i^2 S_i^2}{m_i}\left(\frac{M_i - m_i}{M_i}\right)\right)$$

$$V\left(\widehat{Y}\right) \approx \frac{N^2}{n}\left(1 - \frac{n}{N}\right) \times S_p^2 + \left(\frac{N^2}{n}\sum_{i=1}^{N} \frac{M_i^2 \sigma_i^2}{m_i}\left(\frac{M_i - m_i}{M_i - 1}\right) \times P_i\right)$$

donde

$$S_p^2 = \frac{\sum\limits_{i=1}^{n}(Y_i - \overline{Y})^2}{n-1}$$

y

$$\sigma_i^2 = \sum_{j=1}^{M_i} \frac{(y_{ij} - \mu_i)^2}{M_i}; i = 1, 2, \ldots, N$$

Teniendo en cuenta que los totales de los conglomerados primarios se correlacionan fuertemente con los tamaños de los mismos, y *comparar la varianza de la primera etapa del estimador de Expansión simple con las varianzas del estimador de razón, regresión se deduce que la varianza por el método de Expansión Simple es mayor a los otros dos métodos de razón y regresión. Esto es evidente ya que bajo regresión la varianza aparecerá multiplicada por un factor menor que 1, que es $1 - \rho^2$; y en el estimador de razón se debe verificar que $\rho > 0,5$.*

Con respecto al estimador de Expansión elemental es necesario verificar que por construcción la Expansión simple utiliza los valores aleatorios de los conglomerados elegidos que le imprimen un componente adicional a la varianza del estimador de Expansión elemental; de este modo en general, el estimador de Expansión elemental tiene menor varianza que el estimador de Expansión Simple.

Ejemplo **2.8** *Se tomó una muestra de 7 de un total de 18 grupos ó conglomerados, correspondiente a los salones de un instituto de Bachillerato con un total de 485 estudiantes. De cada grupo seleccionado se tomó una muestra y se miden los valores 1 si el estudiante participó en los juegos deportivos del año y 0 si no participó. Los resultados son como sigue*

Grupo	M_i	m_i	$\hat{p}_i$	$\widehat{V}(\hat{p}_i)$
$6to - C$	30	6	0.5	0.25
$7mo - B$	26	4	0.75	0.1875
$9no - A$	27	6	0.5	0.25
$9no - C$	27	4	0.5	0.25
$10mo - B$	27	4	0.25	0.1875
$10mo - C$	26	7	0.72	0.20
$11mo - A$	27	7	0.28	0.20

(a) Estime la proporción media y el total de estudiantes en el instituto que participó en los juegos, usando estimador de razón simple y expansión elemental.

(b) Haga una estimación de al menos el 95 % para la media y resuma los resultados en una tabla.

Solución

(a) Las estimaciones de proporción por el estimador de razón simple es

$$\widehat{p}_r = \frac{\sum\limits_{i=1}^{n} M_i \widehat{p}_i}{\sum\limits_{i=1}^{n} M_i}$$

$$\widehat{p}_r = \frac{30*0,5+26*0,75+27*0,5+27*0,5+27*0,25+26*0,72+27*0,28}{30+26+27+27+27+26+27}$$

$$\widehat{p}_r = \frac{94,53}{190}$$

$$\widehat{p}_r = 0,4975$$

El total estimado es $A_r = 485(0{,}4975)$, esto es, se estima que 241 participaron en los juegos deportivos.

Las estimaciones de proporción por el estimador de expansión elemental es

$$\widehat{p}_s = \frac{\sum\limits_{i=1}^{n} \widehat{p}_i}{n}$$

$$\widehat{p}_s = \frac{0,5+0,75+0,5+0,5+0,25+0,72+0,28}{7}$$

$$\widehat{p}_s = \frac{3,5}{7}$$

$$\widehat{p}_s = 0,5$$

El total estimado es $A_s = 485(0{,}5)$, esto es, se estima que 242 participaron en los juegos deportivos.

(b) La varianza de estos estimadores es

$$\widehat{V}\left(\widehat{p}_r\right) = \left(1 - \frac{n}{N}\right)\frac{\overline{V}(\widehat{p}_i)}{n} + \frac{\sum\limits_{i=1}^{n} M_i^2 \widehat{V}(\widehat{p}_i)\left(1-\frac{m_i}{M_i}\right)/m_i}{\left(\sum\limits_{i=1}^{n} M_i\right)^2}$$

$$\widehat{V}\left(\widehat{p}_s\right) = \left(1 - \frac{n}{N}\right)\frac{\overline{V}(\widehat{p}_i)}{n} + \frac{\sum\limits_{i=1}^{n} \widehat{V}(\widehat{p}_i)\left(1-\frac{m_i}{M_i}\right)/m_i}{n^2}$$

$$\widehat{V}\left(\widehat{p}_r\right) = 0,008155$$

$$\widehat{V}\left(\widehat{p}_s\right) = 0,008138$$

Estimador	Proporcion	Total	$L_i(p)$	$L_s(p)$
Razón Simple	0.4975	241	0.2716	0.7234
Elemental	0.5	242	0.2743	0.7257

Los dos estimadores arrojan el mismo resultado.

Análisis del Estimador de Expansión elemental

Estimación elemental de la media y el total

La notación a utilizar es la siguiente:

- N = número de conglomerados en la población.

- n = número de conglomerados seleccionados en muestra aleatoria.

- M_i = número de unidades elementales en el conglomerado i.

- m_i = número de unidades elementales seleccionados en muestra aleatoria del conglomerado i.

- y_{ij} = j-ésima observación en la muestra del i-ésimo conglomerado.

El estimador de Expansión elemental definido como $\widehat{Y}_s = M \sum_{i=1}^{n} \frac{\overline{Y}_i}{n}$, se trata de un estimador casi insegado de la media poblacional.
Esto se enuncia en el siguiente teorema.

Teorema 2 *Estimador de Expansión elemental*
Suponga que una población elemental consta de M valores con media μ dentro de cada agrupamiento, el estimador de Expansión elemental, bajo muestreo bietápico, de la media por unidad elemental, definido como $\widehat{Y}_s = M \sum_{i=1}^{n} \frac{\overline{Y}_i}{n}$, presenta las siguientes propiedades

- *Se trata de un estimador casi insegado.*

- *Se trata de un estimador con variabilidad similar que los estimadores de razón y regresión.*

Demostración

- *Sobre el sesgo.*

  Para determinar el sesgo del estimador de Expansión elemental $\widehat{Y}_s = M \sum_{i=1}^{n} \frac{\overline{Y}_i}{n}$, se debe tener en cuenta la probabilidad de inclusión de cada unidad Y_i, que representa el total de la primera etapa. Así, se puede escribir esto en la siguiente forma

  $\pi_i = np_i$, bajo muestreo sin reemplazamiento.

  Luego, se tiene

$$\widehat{Y}_s = M \sum_{i=1}^{N} \frac{\mu_i}{n} F_i$$

$$E\left(\widehat{Y}_s\right) = M \sum_{i=1}^{N} \frac{\mu_i}{n} E\left(F_i\right)$$

$$E\left(\widehat{Y}_s\right) = M \sum_{i=1}^{N} \frac{\mu_i}{n} \pi_i$$

$$E\left(\widehat{Y}_s\right) = M \sum_{i=1}^{N} \frac{\mu_i}{n} np_i$$

De este modo, se tiene que

$$Sesgo\left(\widehat{Y}_s\right) = M \sum_{i=1}^{N} \mu_i p_i - M\mu$$

Siempre que $\mu_i = \mu$ este sesgo es cero; pero, esta condición es poco razonable de la hipótesis, ya que los valores elementales constituyen una población única de M valores con media μ, mas no en cada agrupamiento. Sin embargo, se considera que existirá el sesgo despreciable debido a que las medias elementales de los conglomerados serían ligeramente diferentes. Esto obedece a que no hay correlación alguna entre el promedio elemental de la muestra y los pesos de la muestra.

Para el muestreo con reemplazo, ese mismo sesgo presenta una estructura similar.

Estos sesgo suele ser mínimo, poco importantes o despreciable, puesto que en este caso no se trabaja con los totales que pueden diferir sino con las medias elementales que prácticamente serían bastante similares si se parte del hecho que cada valor elemental viene de una población única sin importar el conglomerado primario al que pertenezca.

- *Sobre la Varianza*

  Al utilizar las propiedades de la variable contadora dadas anteriormente, se tiene que

$$V\left(\widehat{Y}_s\right) = V\left(E\left(\frac{M\sum\limits_{i=1}^{n}\overline{y}_i}{n}\right)\right) + E\left(\widehat{V}\left(M\sum_{i=1}^{n}\sum_{j=1}^{m_i}\frac{y_{ij}}{nm_i}\right)\right)$$

Por tanto, la varianza verdadera de $\widehat{Y}_s$ es, aproximadamente:

$$V(\widehat{Y}_s) = V\left(M\sum_{i=1}^{N}\mu_i p_i\right) + E\left(\frac{M^2}{n^2}\sum_{i=1}^{n}\left(\frac{M_i - m_i}{M_i}\right)\frac{S_i^2}{m_i}\right)$$

$$V(\widehat{Y}_s) = \frac{M^2}{n} * \overline{V}(\mu_i) * \left(1 - \frac{n}{N}\right) + \frac{M^2}{n}\sum_{i=1}^{N}\left(\frac{M_i - m_i}{M_i - 1}\right)\frac{\sigma_i^2}{m_i} \times P_i$$

Esta fórmula da la varianza exacta, donde los pesos surgen de acuerdo al tipo de selección que se elija. Estos pesos afectan tanto al valor esperado del estimador como a la varianza del mismo.

Por otro lado, el factor de corrección de la primera etapa no afecta a la varianza como siempre se ha pensado.

y la varianza estimada de $\widehat{Y}_s$ es:

$$\widehat{V}(\widehat{Y}_s) = \frac{M^2 * \left(1 - \frac{n}{N}\right)}{n} \times S_{ep}^2 + \frac{M^2}{n^2}\sum_{i=1}^{n}\left(\frac{M_i - m_i}{M_i}\right)\left(\frac{S_i^2}{m_i}\right)$$

donde $S_{ep}^2 = \dfrac{\sum\limits_{i=1}^{n}(\overline{y}_i - \overline{y}_{..})^2}{n-1}$ estima a σ_{ep}^2 la varianza de las medias elementales.

y $S_i^2 = \sum\limits_{j=1}^{m_i}\dfrac{(y_{ij} - \overline{y}_i)^2}{m_i - 1}; i = 1, 2, \ldots, n$ estima la varianza elemental dentro de cada conglomerado muestreado.

La expansión elemental consiste en realizar un promedio con las unidades elementales y multiplicarlo por el total de unidades elementales M. Esta forma origina un estimador con una varianza mucho más pequeña que la del método de expansión simple, y una varianza similar a los métodos de razón y regresión. El lector debe comprender que los métodos con variables auxiliares pueden superar a una expansión elemental en la medida en que se tome una variable auxiliar de valores elementales, que tenga una correlación superior a 0.5 con la variable respuesta elemental.

2.3.2. Muestreo Polietápico

Existen un estimador univariable en tres etapas o más, el estimador tradicional de Expansión Simple polietápico, caracterizado por ser bastante sesgado y de alta variabilidad y el estimador de Expansión elemental polietápico propuesto en este texto, bajo el supuesto de agrupamientos con media única. Los resultados que se obtienen con estos dos estimadores son generalizables al muestreo aleatorio simple con estratificación. Suponga que se tienen N unidades primarias llamadas conglomerados de las cuales se seleccionan n, por vía al azar, bajo muestreo aleatorio simple. Para la unidad primaria i se van a muestrear aleatoriamente m_i elementos de un total M_i, que es el tamaño del conglomerado i-ésimo. Ahora bien, de cada unidad secundaria de las m_i escogidas en la segunda etapa se seleccionan para tercera etapa m_{2i} del total M_{2i}, y así sucesivamente, la etapa elemental r, se seleccionan $m_{(r-1)i}$ del total $M_{(r-1)i}$.

Análisis del Estimador de Expansión Simple

El estimador de Expansión Simple se trata de un estimador sesgado de la media poblacional y con alta Varianza. Entre más etapas mayor será su sesgo y su varianza.

Esto se enuncia en el siguiente teorema.

Teorema 3 *Estimador de Expansión Simple*

El estimador tradicional de expansión simple, bajo muestreo polietápico, de la media por unidad elemental, definido como

$$\widehat{Y} = N \sum_{i=1}^{n} \frac{Y_i}{n} = N \sum_{i=1}^{n} \frac{M_i}{m_i} \sum_{j=1}^{m_i} \frac{M_{2i}}{m_{2i}} \cdots \sum_{z=1}^{m_{(r-1)i}} \frac{M_{(r-1)i}}{m_{(r-1)i}} \frac{\overline{y}_{ij\ldots z}}{n}$$

presenta las siguientes propiedades

- *Se trata de un estimador sesgado.*

- *Se trata de un estimador con mayor variabilidad que los estimadores de razón, regresión y de Expansión elemental.*

Demostración

- *Sobre el sesgo.*

  Para determinar el sesgo del estimador de Expansión Simple $\widehat{Y} = N \sum_{i=1}^{n} \frac{y_i}{n} = N \sum_{i=1}^{n} \frac{M_i \overline{y}_i}{n}$, *se debe tener en cuenta la probabilidad de inclusión de cada unidad* Y_i, *que representa el total de la primera etapa. Así, se puede escribir esto en la siguiente forma* $\pi_i = np_i$, *bajo muestreo sin reemplazamiento polietápico.*

  Luego, se tiene

$$\widehat{Y} = N \sum_{i=1}^{N} \frac{Y_i}{n} F_i$$

$$E\left(\widehat{Y}\right) = N \sum_{i=1}^{N} \frac{Y_i}{n} E\left(F_i\right)$$

$$E\left(\widehat{Y}\right) = N \sum_{i=1}^{N} \frac{Y_i}{n} \pi_i$$

$$E\left(\widehat{Y}\right) = N \sum_{i=1}^{N} \frac{Y_i}{n} np_i$$

De este modo, se tiene que

$$Sesgo\left(\widehat{Y}\right) = E\left(\widehat{Y}\right) - M\mu = N \sum_{i=1}^{N} Y_i p_i - \sum_{i=1}^{N} Y_i$$

                                         J. Tilano

Para el muestreo con reemplazo, ese mismo sesgo presenta una estructura similar, sustituyendo las combinaciones sin remmplazo por permutaciones con reemplazo.

Estos dos sesgos suelen ser muy importantes, no despreciables, puesto que a mayor tamaño mayor total y mayor peso. En general, el sesgo será positivo, debido a la existencia de una correlación positiva entre el peso de la muestra y su total. Sólo en el caso de que todos los conglomerados tienen igual tamaño en todas las etapas y se muestrea la misma fracción se tendrá un insesgamiento del estimador de Expansión Simple polietápico.

- *Sobre la Varianza.*

  Para la varianza del estimador de Expansión Simple no es necesario utilizar el estimador de varianza polietápico, pues, en este caso, la varianza poblacional se puede aproximar con la varianza elemental, y a su vez, en esta estructura no entran los factores de corrección de las etapas nominales sino el peso de cada una de ellas.

  Al utilizar las propiedades de la variable contadora dadas anteriormente, se tiene que $V\left(\widehat{Y}\right) = \sum\limits_{k=1}^{R-1} \frac{N_{k1}^2}{n_{k1}} \left(1 - \frac{n_{k1}}{N_{k1}}\right) \times \overline{V}\left(Y_{ki}\right) + \frac{N_1^2}{n_1} \left(\sum\limits_{i=1}^{N_1} M_i^2 \left(\frac{M_i - m_i}{M_i - 1}\right) \frac{\sigma_i^2}{m_i} \times P_i\right)$

  Esta es la varianza poblacional aproximada, que a su vez se estima con la expresión de varianza elemental, dada por

$$\widehat{V}(\widehat{Y}) = \sum_{k=1}^{R-1} \frac{N_{k1}^2}{n_{k1}} \left(1 - \frac{n_{k1}}{N_{k1}}\right) \times S_{yki}^2 + \frac{N_1^2}{n_1^2} \sum_{i=1}^{n_1} M_i^2 \left(\frac{M_i - m_i}{M_i}\right) \left(\frac{S_i^2}{m_i}\right)$$

donde

$$S_i^2 = \sum_{j=1}^{m_i} \frac{(y_{ij} - \overline{y}_i)^2}{m_i - 1}; i = 1, 2, \ldots, n$$

Teniendo en cuenta que los totales de los conglomerados primarios se correlacionan fuertemente con los tamaños de los mismos, y

75

comparar la varianza de la primera etapa del estimador de Expansión simple con las varianzas del estimador de razón, regresión se deduce aplicando las propiedades teóricas, que la varianza por el método de Expansión Simple es mayor a los otros dos métodos de razón y regresión. Esto es evidente ya que bajo estimadores de razón y regresión, bajo el supuesto de linealidad, la varianza aparecerá multiplicada por un factor menor que 1.

Con respecto al estimador de Expansión elemental es necesario verificar que por construcción la Expansión simple utiliza los valores aleatorios de los conglomerados elegidos que le imprimen un componente adicional a la varianza del estimador de Expansión elemental; de este modo en general, el estimador de Expansión elemental tiene menor varianza que el estimador de Expansión Simple.

No se recomienda el uso del estimador de Expansión Simple.

Estimación elemental de la media y el total

La notación a utilizar es la siguiente:

- N = número de conglomerados en la población.

- n = número de conglomerados seleccionados en muestra aleatoria.

- M_i = número de unidades elementales en el conglomerado i.

- m_i = número de unidades elementales seleccionados en muestra aleatoria del conglomerado i.

- y_{ij} = j-ésima observación en la muestra del i-ésimo conglomerado.

Análisis del Estimador de Expansión elemental

El estimador de Expansión elemental definido como $\widehat{Y}_s = M\overline{Y}_e$, donde $\overline{Y}_e = \sum_{x=1}^{n_t} \frac{y_x}{n_t}$ es el promedio elemental, se trata de un estimador casi insesgado de la media poblacional.

Esto se enuncia en el siguiente teorema.

Teorema 4 *Estimador de Expansión elemental*
Suponga que una población elemental consta de M valores con media μ dentro de cada agrupamiento, el estimador de Expansión elemental, bajo muestreo polietápico, de la media por unidad elemental, definido como $\widehat{Y}_s = M\overline{Y}_e$, presenta las siguientes propiedades

- *Se trata de un estimador insesgado.*

- *Se trata de un estimador con variabilidad similar que los estimadores de razón y regresión.*

Demostración

- *Sobre el sesgo.*

  Para determinar el sesgo del estimador de Expansión elemental $\widehat{Y}_s = M\overline{Y}_e$, se debe tener en cuenta la probabilidad de inclusión de cada unidad Y_i, que representa el total de la primera etapa. Así, se puede escribir esto en la siguiente forma

  $\pi_i = np_i$, bajo muestreo sin reemplazamiento.

  Luego, se tiene

$$\widehat{Y}_s = M \sum_{i=1}^{N} \frac{\mu_i}{n} F_i$$

$$E\left(\widehat{Y}_s\right) = M \sum_{i=1}^{N} \frac{\mu_i}{n} E\left(F_i\right)$$

$$E\left(\widehat{Y}_s\right) = M \sum_{i=1}^{N} \frac{\mu_i}{n}\pi_i$$

$$E\left(\widehat{Y}_s\right) = M \sum_{i=1}^{N} \frac{\mu_i}{n}np_i$$

De este modo, se tiene que

$$Sesgo\left(\widehat{Y}_s\right) = M \sum_{i=1}^{N} \mu_i p_i - M\mu$$

Siempre que $\mu_i = \mu$ este sesgo es cero; pero, esta condición es poco razonable de la hipótesis, ya que los valores elementales constituyen una población única de M valores con media μ, mas no en cada agrupamiento. Sin embargo, se considera que no existirá el sesgo debido a que las medias elementales de los conglomerados serían iguales, en supuesto.

Del mismo modo, que para el muestreo bietápico la correlación teórica entre las medias elementales y los pesos será nula. Para el muestreo con reemplazo, ese mismo sesgo presenta una estructura similar.

Estos sesgos suelen ser nulos bajo la hipótesis, puesto que en este caso no se trabaja con los totales que pueden diferir sino con las medias elementales que se suponen iguales, si se parte del hecho que cada valor elemental viene de una población única sin importar el conglomerado primario al que pertenezca.

- *Sobre la Varianza*

  Como se ha comentado la varianza del estimador del Expansión elemental depende únicamente de varianzas elementales y de los pesos originados en la selección de la muestra compleja.

$$V\left(\widehat{Y}_s\right) = \sum_{k=1}^{R-1} \frac{M^2}{n_k}\left(1 - \frac{n_k}{N_k}\right)\overline{V}\left(\mu_{ki}\right) + \left(\frac{M^2}{n_1}\right)\sum_{i=1}^{N_1} \frac{\sigma_i^2\left(\frac{M_1 - m_i}{M_i - 1}\right)}{m_i} \times P_i$$

Por tanto, la varianza estimada insesgada de $\widehat{Y}_s$ es:

$$\widehat{V}(\widehat{Y}_s) = \sum_{k=1}^{R-1} \frac{M^2}{n_k}\left(1 - \frac{n_k}{N_k}\right)V\left(\overline{y}_{ki}\right) + \frac{M^2}{n_1^2}\sum_{i=1}^{n_1}\left(\frac{M_i - m_i}{M_i}\right)\left(\frac{S_i^2}{m_i}\right)$$

$S_i^2 = \sum_{j=1}^{n_i} \frac{(y_{ij}-\overline{y}_i)^2}{n_i-1}; i = 1, 2, \ldots, n$ *estima la varianza elemental dentro de cada conglomerado muestreado.*

Tenga en cuenta que si el muestreo tiene más de dos etapas, existirán mas de n agrupamientos elementales.

Se toma como n_1, la cantidad de grupos elementales y además, aunque la estructura de los pesos es complicada, no se necesitan para estimar la Varianza porque esta únicamente depende de varianzas muestrales elementales.

Estimación de los Sesgos de los estimadores

Tanto para el caso bietápico como para el caso polietápico el sesgo se produce por el peso muestral. En el caso, de trabajar con los totales o promedios elementales por conglomerado se pueden obtener los pesos de cada unidad primaria diferentes a los pesos muestrales pero bien correlacionados con estos. Ahora, e estiman en la siguiente forma

$$\widehat{Sesgo}(\widehat{Y}) = N \sum_{i=1}^{n}(Y_i - \overline{Y})\tilde{p}_i$$

$$\widehat{Sesgo}(\widehat{Y}_s) = M \sum_{i=1}^{n}(\overline{y}_i - \overline{y}_{..})\tilde{p}_i$$

En este caso, el estimador ponderado o insesgado representa un estimador de razón.

En estas dos expresiones se observa que al trabajar con los totales de conglomerado primario se provoca mucho mayor sesgo que al trabajar con los valores elementales.

Esto deja claras las diferencias entre el Estimador de Expansión tradicional y el nuevo Estimador de Expansión Elemental.

2.4.　M.A.S. Estratificado

El muestreo por etapas estratificado suele ser un diseño óptimo cuando los estratos se encuentran bien definidos.

2.4.1.　Bietápico por Estratos

Existen un estimador univariable en dos etapas, el estimador tradicional de Expansión Simple bietápico por estratos, caracterizado por ser el más sesgado de todos los estimadores y de alta variabilidad; y el estimador de Expansión elemental bietápico por estratos propuesto en este paper. Suponga que se tiene una población de L estratos. Sea N_h el número de unidades primarias en el estrato h llamadas conglomerados de las cuales se seleccionan n_h, por vía al azar, bajo muestreo aleatorio simple. Para la unidad primaria i del estrato h se van a muestrear aleatoriamente m_{ih} elementos de un total M_{ih}, que es el tamaño del conglomerado i-ésimo en el estrato h.

Análisis del Estimador de Expansión Simple estratificado

El estimador de Expansión Simple estratificado se trata de un estimador sesgado de la media poblacional y con alta Varianza. Entre más etapas y estratos mayor será su sesgo y su varianza.

Esto se enuncia en el siguiente teorema.

Teorema 5 *Estimador de Expansión Simple estratificado*

El estimador tradicional de expansión simple, bajo muestreo polietápico, del total, definido como

$$\widehat{Y}_{st} = \sum_{h=1}^{L} \widehat{Y}_h.$$

presenta las siguientes propiedades

- *Se trata de un estimador sesgado.*

- *Se trata de un estimador con mayor variabilidad que los estimadores de razón, regresión y de Expansión elemental.*

Demostración

- *Sobre el sesgo.*
  Por construcción las muestras de los estratos son independientes lo que exige calcular el sesgo para cada estrato y luego, se suman; esto es

$$Sesgo(\widehat{Y}_{st}) = \sum_{h=1}^{L} \left(N_h \sum_{i=1}^{N_h} Y_{ih} p_{ih} - \tau_{yh} \right)$$

  Para el muestreo con reemplazo, ese mismo sesgo presenta una estructura similar, sustituyendo las combinaciones sin remmplazo por permutaciones con reemplazo.
  Estos dos sesgos suelen ser muy importantes, no despreciables, puesto que a mayor tamaño mayor peso y total, también a más estratos mayor sesgo.

- *Sobre la Varianza.*
  Para la varianza, se sigue la estructura simple dada para muestreo sin estratificación.
  Al utilizar las propiedades de la variable contadora dadas anteriormente, se tiene que $V\left(\widehat{Y}_{st}\right) = \sum_{h=1}^{L} \left(\sum_{k=1}^{R-1} \frac{M_h^2}{n_{kh}} \left(1 - \frac{n_{kh}}{N_{kh}}\right) \overline{V}\left(\mu_{kih}\right)\right.$

  $\left. + \frac{N_h^2}{n_h} \sum_{i=1}^{N_h} M_{ih}^2 \left(\frac{M_{ih}-m_{ih}}{M_{ih}}\right) \left(\frac{S_{ih}^2}{m_{ih}}\right) \times P_{ih} \right)$
  Por tanto, la varianza estimada de $\widehat{Y}_{st}$ *es:*
  $V\left(\widehat{Y}_{st}\right) = \sum_{h=1}^{L} \left(\sum_{k=1}^{R-1} \frac{M_h^2}{n_{kh}} \left(1 - \frac{n_{kh}}{N_{kh}}\right) \overline{V}\left(\mu_{kih}\right)\right.$

$$+ \frac{N_h^2}{n_h^2} \sum_{i=1}^{n_h} M_{ih}^2 \left(\frac{M_{ih} - m_{ih}}{M_{ih}} \right) \left(\frac{S_{ih}^2}{m_{ih}} \right))$$

donde

$$S_{ih}^2 = \sum_{j=1}^{m_{ih}} \frac{(y_{ijh} - \overline{y}_{ih})^2}{m_{ih} - 1}; i = 1, 2, \ldots, n_h$$

Estimación elemental de la media y el total por estratos

La notación a utilizar es la siguiente:

- N_h = número de conglomerados en el estrato h de la población.

- n_h = número de conglomerados seleccionados en muestra aleatoria.

- M_{ih} = número de unidades en el conglomerado i del estrato h.

- m_{ih} número de unidades seleccionados en muestra aleatoria del conglomerado i en el estrato h.

- y_{ijh} = j-ésima observación en la muestra del i-ésimo conglomerado en el estrato h.

Análisis del Estimador de Expansión elemental por estratos

El estimador de Expansión elemental, por estratos, definido como $\widehat{Y}_{sst} = \sum_{h=1}^{L} M_h \overline{Y}_{eh}$, donde

$$\overline{Y}_{eh}$$

es el promedio elemental de los promedios elementales, se trata de un estimador casi insesgado de la media poblacional.

Esto se enuncia en el siguiente teorema.

Teorema 6 *Estimador de Expansión elemental bietápico por estratos Suponga que una población elemental consta de M_h valores con media μ_h dentro de cada agrupamiento, el estimador de Expansión elemental,* *bajo muestreo polietápico por estratos del total, definido como $\widehat{Y}_{sst}$, presenta las siguientes propiedades*

- *Se trata de un estimador insesgado.*

- *Se trata de un estimador con variabilidad similar que los estimadores de razón y regresión.*

Estimación de los Sesgos de los estimadores

Tanto para el caso bietápico como para el caso polietápico el sesgo se produce por el peso muestral. En el caso, de trabajar con los totales o promedios elementales por conglomerado se pueden obtener los pesos de cada unidad primaria diferentes a los pesos muestrales pero bien correlacionados con estos. Ahora, e estiman en la siguiente forma

$$\widehat{Sesgo}(\widehat{Y}_{st}) = \sum_{h=1}^{L} N_h \sum_{i=1}^{n_h} (Y_{ih} - \overline{Y}_h)\tilde{p}_{ih}$$

$$\widehat{Sesgo}(\widehat{Y}_{sst}) = \sum_{h=1}^{L} M_h \sum_{i=1}^{n_h} (\overline{y}_{ih} - \overline{y}_{..h})\tilde{p}_{ih}$$

En estas dos expresiones se observa que al trabajar con los totales de conglomerado primario se provoca mucho mayor sesgo que al trabajar con los valores elementales.

Esto deja claras las diferencias entre el Estimador de Expansión tradicional y el nuevo Estimador de Expansión Elemental extendido al caso de estratificación o diseños complejos.

Estimación elemental de la media y el total por estratos

La notación a utilizar es la siguiente:

- N_h = *número de conglomerados en el estrato h de la población.*

- n_h = *número de conglomerados seleccionados en muestra aleatoria.*

- N_{ih} = *número de unidades elementales en el conglomerado i del estrato h.*

- n_{ih} *número de unidades elementales seleccionados en muestra aleatoria del conglomerado i en el estrato h.*

- y_{ijh} = *j-ésima observación en la muestra del i-ésimo conglomerado en el estrato h.*

Análisis del Estimador de Expansión elemental por estratos

El estimador de Expansión elemental, por estratos, definido como $\widehat{Y}_{sst} = \sum\limits_{h=1}^{L} M_h \overline{Y}_{eh}$, donde $\overline{Y}_{eh}$ es el promedio elemental de los promedios elementales, se trata de un estimador casi insesgado de la media poblacional.
Esto se enuncia en el siguiente teorema.

Teorema 7 *Estimador de Expansión elemental polietápico por estratos Suponga que una población elemental consta de M_h valores con media μ_h dentro de cada agrupamiento, el estimador de Expansión elemental, bajo muestreo polietápico por estratos del total, definido como $\widehat{Y}_{sst}$, presenta las siguientes propiedades*

- *Se trata de un estimador insesgado.*

- *Se trata de un estimador con variabilidad similar que los estimadores de razón y regresión.*

Demostración

- *Sobre el sesgo.*

  Siguiendo los resultados ya demostrados anteriormente, se tiene

$$Sesgo\left(\widehat{Y}_{sst}\right) = \sum_{h=1}^{L}\left(M_h\sum_{i=1}^{N_h}\mu_{ih}p_{ih} - M_h\mu_h\right)$$

  Este sesgo no siempre aumentará al aumentar el número de estratos.

- *Sobre la Varianza.*

  Para la varianza, se toma la estructura de varianzas elementales. Al utilizar las propiedades de la variable contadora dadas anteriormente, se tiene que

$$V\left(\widehat{Y}_{sst}\right) = \sum_{h=1}^{L} V_{Rh} + \frac{M_h^2}{n_{1h}}\sum_{i=1}^{N_{1h}}\left(\frac{M_{ih} - m_{ih}}{M_{ih} - 1}\right)\left(\frac{\sigma_{ih}^2}{m_{ih}}\right)P_{ih}$$

  Por tanto, la varianza estimada de $\widehat{Y}_{st}$ es:

$$\widehat{V}(\widehat{Y}_{sst}) = \sum_{h=1}^{L}\left(\widehat{V}_{Rh} + \frac{M_h^2}{n_{1h}^2}\sum_{i=1}^{n_{1h}}\left(\frac{M_{ih} - m_{ih}}{M_{ih}}\right)\left(\frac{S_{ih}^2}{m_{ih}}\right)\right)$$

  donde $V_{Rh} = \left(\sum\limits_{k=1}^{R-1}\frac{M_h^2}{n_{1kh}}\left(1 - \frac{n_h}{N_h}\right)\overline{V}\left(\mu_{kih}\right)\right.$ y

  $\widehat{V}_{Rh} = \left(\sum\limits_{k=1}^{R-1}\frac{M_h^2}{n_{1kh}}\left(1 - \frac{n_h}{N_h}\right)\overline{V}\left(\overline{y}_{kih}\right)\right.$ *representan la variación real y estimada de las medias elementales en las etapas no elementales, como se ha discutido antes y*

$$S_{ih}^2 = \sum_{j=1}^{m_{ih}}\frac{\left(y_{ijh} - \overline{y}_{ih}\right)^2}{m_{ih} - 1}; i = 1, 2, \ldots, n_{1h}$$

  La notación n_1 y N_1 se aplica al muestreo con mas de dos etapas, donde n_1 designa la cantidad de agrupamientos elementales muestreados del total N_1. Al agregar la letra h, estos, designan valores del estrato h.

  Los agrupamientos elementales se componen de los valores de la variable dentro de cada grupo elemental.

  La componente nominal de la varianza puede estimarse siguiendo el estimador de regresión de pares, ya que asocia variable auxiliar y respuesta cuando se requiera.

Ejemplo **2.9** *En la región A se realiza un estudio a cerca de los gastos mensuales promedios por estrato y global, en el servicio de gas natural. A continuación se dan los estratos del 1 al 6 con pesos respectivos* $w_i = c(0{,}126; 0{,}283; 0{,}353; 0{,}154; 0{,}063; 0{,}021)$. *La muestra se toma en 3 etapas: Primero, se muestrean 3 regiones de 5, que corresponden a las provincias con* $M_1 = 93; M_2 = 75; M_3 = 42; M_4 = 53; M_5 = 36$ *y clusteres seleccionados 1, 4 y 5. De cada una de las 3 provincias muestreadas se toman 3 localidades y de cada localidad 90 viviendas, 15 por estrato.*

Se sabe que 10.7 millones de hogares en la región A cuentan con este servicio.

A continuación, se muestran los promedios elementales de las 9 localidades.

Pueblo	E1	E2	E3	E4	E5	E6
1	82.73	100.73	121.32	119.78	119.67	126.95
2	77.98	99.48	120.98	116.26	126.15	120.77
3	84.81	107.20	118.71	124.56	125.02	126.31
4	86.16	94.93	114.02	121.65	122.12	127.19
5	80.61	97.16	117.39	123.99	127.56	125.85
6	81.67	90.99	114.56	128.50	117.38	110.06
7	92.64	100.25	123.28	121.51	128.72	134.94
8	71.02	97.78	117.92	119.19	122.31	127.32
9	75.14	101.87	111.53	123.01	131.48	129.56

A continuación, se muestran las varianzas elementales de las 9 localidades (vss).

Pueblo	E1	E2	E3	E4	E5	E6
1	155.12	263.23	336.24	332.69	366.78	403.47
2	157.07	270.04	340.16	362.07	382.01	388.82
3	173.79	250.00	366.39	360.38	348.15	376.40
4	187.17	248.47	322.55	359.28	378.19	375.69
5	160.19	257.63	346.78	375.53	389.72	357.58
6	176.12	257.86	344.36	411.96	392.71	384.73
7	178.11	259.68	335.88	331.98	358.71	404.88
8	171.86	220.74	320.16	354.63	370.44	371.07
9	164.79	240.34	345.28	375.44	389.22	409.58

Las medias de consumo familiar por estrato, son

$\overline{x}_i = c(81{,}42; 98{,}93; 117{,}75; 122{,}05; 124{,}49; 125{,}44)$.

La media global es $\overline{y}_{st} = \sum\limits_{h=1}^{6} w_i * \overline{x}_i$, *esto es* $\overline{y}_{st} = 109{,}1$.

Los intervalos presentan los insumos siguientes

>vyst=(1/81)*apply(vss,2,sum)/15;vyst

1.254536; 1.866700; 2.516741; 2.686421; 2.778581; 2.857825

>vst=sum(wi² * vyst); vst

0,5590274

> vyst1 = (1/9) * apply(vss, 2, var); vyst1

12,83435; 23,69803; 21,07725; 64,99910; 25,92329; 34,11020

> vy1 = sum(wi² * vyst1)

> vystr = vy1 + vst; vystr

6,946603

Lasvarianzasporestratosonlassiguientes

> vysti = vyst1 + vyst; vysti

14,08888; 25,56473; 23,59399; 67,68552; 28,70187; 36,96802

> vystrf = sum(wi² * vysti); vystrf

6,946603

Lamediaporestrato, tieneestimacinporintervalo

>ies=$\overline{x}_i$ − / + 2,38 * sqrt(vysti) * sqrt(134/130,5); ies

Estrato	L_i	L_s
1	72.36809	90.47284
2	86.73805	111.12597
3	106.03325	129.46230
4	102.21112	141.89389
5	111.56997	137.41097
6	110.77580	140.10277

La media global tiene estimación por intervalo

$>imed = 109{,}1 - /+ 2{,}38 * sqrt(vystrf) * sqrt(134/130{,}5); imed$
102.7436 115.4564

En la región A, el promedio global verdadero de gasto familiar en servicio de gas natural se encuentra entre 102 mil y 116 mil pesos; con una confianza de al menos 95 %.

Estimación de los Sesgos de los estimadores

Tanto para el caso bietápico como para el caso polietápico el sesgo se produce por el peso muestral. En el caso, de trabajar con los totales o promedios elementales por conglomerado se pueden obtener los pesos de cada unidad primaria diferentes a los pesos muestrales pero bien correlacionados con estos. Ahora, e estiman en la siguiente forma

$$\widehat{Sesgo}(\widehat{Y}_{st}) = \sum_{h=1}^{L} N_h \sum_{i=1}^{n_h} (Y_{ih} - \overline{Y}_h)\tilde{p}_{ih}$$

$$\widehat{Sesgo}(\widehat{Y}_{sst}) = \sum_{h=1}^{L} M_h \sum_{i=1}^{n_h} (\overline{y}_{ih} - \overline{y}_{..h})\tilde{p}_{ih}$$

En estas dos expresiones se observa que al trabajar con los totales de conglomerado primario se provoca mucho mayor sesgo que al trabajar con los valores elementales.

Esto deja claras las diferencias entre el Estimador de Expansión tradicional y el nuevo Estimador de Expansión Elemental extendido al caso de estratificación o diseños complejos.

2.5. Problemas

(1) *El siguiente muestreo bietápico utiliza el principio de aleatorización, donde se estudian las calificaciones de 5 grupos de estudiantes. Del conjunto de 5 se van a muestrear 2 grupos y dentro de cada grupo se eligen 8 estudiantes.*

Grupo 1	Grupo 2
y_{1j}	y_{2k}
2.5	2.6
3.2	3.5
2.9	2.8
3.4	3.3
3.7	3.2
2.4	3.9
2.7	3.1
3.9	3.4

(a) Estudie las muestras de los 2 grupos de tamaños 35 y 40, con 8 estudiantes cada una.

(b) Estime el total asumiendo que $M = 162$ y la media usando el estimador de Expansión Elemental. Comente sus resultados.

(c) Obtenga intervalos holgados al 95 % para la media global elemental.

(2) *Los gastos en electricidad de 5 barrios que conforman el estrato medio de una localidad, se estudian con una muestra bietápica de hogares tomada sin reemplazamiento. Entre los 5 barrios hay un total de 1500 viviendas y se seleccionan muestras de 3 barrios: 2, 3 y 4; con 10 viviendas cada uno, de tamaños 250, 300 y 350, respectivamente. Compare la expansión simple y la expansión elemental. Use software si es posible.*

Barrio 2	Barrio 3	Barrio 4
y_{2i}	y_{3j}	y_{4k}
164,57	121,9	210,84
165,34	163,08	296,02
400,13	277	310,12
169,37	71,87	151,48
56,47	141,66	113,64
126,7	35,36	365,49
255,72	95,65	85,93
419,2	139,39	276,77
41,27	273,24	73,42
154,47	142,8	380,33

(a) Interprete los supuestos de cada modelo, bajo estas condiciones.

(b) Compare las estimaciones por expansión simple y por expansión elemental, mediante intervalos de holgura.

(3) Suponga que se desea muestrear por etapas una población con media única y varianzas cualesquiera; esto es, en los diferentes conglomerados los valores elementales se distribuyen como una sola población homogénea. Comente si en un muestreo bietápico afectaría la forma de tomar las unidades en la estructura de la varianza del estimador de expansión elemental, es decir, la forma de dividir la muestra. Imagine que son 1200 unidades elementales; es lo mismo tomar aleatoriamente 40 conglomerados y de cada conglomerado 30 unidades; qué tomar 80 conglomerados y 15 unidades en cada conglomerado, si fuere posible?

Recomendación: Ciña su procedimiento a la fórmula y evalúe cómo puede cambiar la estructura.

(4) Suponga que se toma un muestreo por conglomerados de una población de unidades elementales distribuidas en 10 grupos,

según una población gamma con parámetros $\alpha = 5$ y $\beta = 220$. Se tendrá esta hipótesis en todos los conglomerados salvo por errores mínimos de agrupamiento. si el muestreo consta de 200 unidades elementales en total elegidas sin reemplazamiento de un total de 1000. Obtenga, por aproximación, los parámetros teóricos del total y su varianza, bajo el estimador de expansión elemental de la propiedad de invarianza.

5. *Cierta ciudad posee una cadena de 50 universidades y desea estudiar los gastos en papelería de sus estudiantes para lo cual se toma una muestra de 10 universidades y para cada universidad se toma una muestra de sus estudiantes. El número promedio de estudiantes en las universidades es 15000. A continuación aparecen los datos:*

UV	M_i	m_i	Gastos en papelería (en miles de pesos)
1	12150	8	85,62,70,65,77,50,70,85
2	11250	10	60,55,75,80,70,65,82,76,72,44
3	9800	9	92,50,43,91,67,53,42,65,91
4	17000	8	71,72,65,85,30,95,45,96
5	18300	12	65,70,62,65,81,79,65,73,41,72,85,80
6	14260	10	69,92,47,44,40,35,71,56,88,90
7	13320	12	75,90,81,95,49,98,45,55,63,35,42,38
8	16210	9	71,72,33,42,64,37,44,52,71
9	17080	8	85,56,53,50,60,71,43,68
10	10240	9	87,83,42,50,65,43,82,96,75

Estime el promedio de los gastos en papelería por universidad y por estudiante, usando el estimador de expansión simple y compárelo con el elemental. Construya en cada caso el intervalo de confianza al 95 %.

6. *Estime la cantidad total en miles de pesos de los gastos en papelería para los estudiantes de todas las universidades del problema 5 por los dos métodos. Construya un intervalo de*

confianza al 95 %

7. *Usando los datos del problema 5, estime el promedio de los gastos en papelería por estudiante, suponiendo que el investigador no sabe cuántos estudiantes hay en todas las universidades. Use el estimador de razón y el estimador de razón ponderada. Establezca para cada uno de estos estimadores el límite en el error de estimación y compárelo con los estimadores de expansión elemental y simple.*

8. *Con los datos del problema 5 estime la proporción de estudiantes cuyos gastos en papelería son superiores a 40 mil pesos y establezca un límite para el error de estimación.*

9. *En una región A se realiza un estudio a cerca de los gastos mensuales promedios por estrato y global, en el servicio de electricidad. A continuación se dan los estratos del 1 al 6 con pesos respectivos $w_i = c(0{,}126; 0{,}283; 0{,}353; 0{,}154; 0{,}063; 0{,}021)$. La muestra se toma en 3 etapas: Primero, se muestrean 3 provincias de 5, que corresponden a las provincias que están en la región A con $M_1 = 93; M_2 = 75; M_3 = 42; M_4 = 53; M_5 = 36$ y clusteres seleccionados 1, 2 y 5. De cada una de las 3 provincias muestreadas se toman 2 localidades y de cada localidad 150 viviendas, 25 por estrato.*

   Se sabe que 14 millones de hogares en la región A cuentan con este servicio.

   A continuación, se muestran los promedios elementales de las 6 localidades.

Pueblo	E1	E2	E3	E4	E5	E6
1	142.73	185.73	321.32	459.78	509.67	536.95
2	147.98	199.48	320.98	466.26	526.15	540.77
3	154.81	177.20	318.71	454.56	525.02	556.31
4	136.16	194.93	314.02	471.65	522.12	567.19
5	140.61	197.16	317.39	473.99	527.56	545.85
6	141.67	190.99	314.56	488.50	517.38	560.06

A continuación, se muestran las varianzas elementales de las 6 localidades (vss).

Pueblo	E1	E2	E3	E4	E5	E6
1	255.34	365.76	412.21	412.34	485.34	546.43
2	234.45	389.32	432.12	456.87	467.56	500.34
3	276.86	345.65	432.41	436.85	457.77	536.54
4	212.34	398.45	487.34	423.45	431.35	567.55
5	265.43	324.13	436.89	476.93	472.21	523.59
6	224.78	397.23	432.13	456.42	438.56	532.41

(a) Obtenga estimaciones del promedio por intervalo de holgura, por estratos y el global, con una confianza de al menos 95 %.

(b) Comente si con los datos es posible realizar estimaciones de expansión simple, razón simple y razón ponderada. Si no es así, indague los insumos que faltan y realice estas estimaciones; compare luego sus resultados con los obtenidos en la parte (a).

Capítulo *3*

Complejos II

3.1. Introducción

En las propiedades de los diseños complejos bivariables se tienen en cuenta los mismos supuestos del caso univariable que permiten dar un manejo simple a la teoría de muestras complejas sin importar la cantidad de etapas que pueda tener el diseño, permitiendo un resultado y tratamiento sencillo de los datos sin formulaciones complicadas.

3.2. Información Auxiliar

En este capítulo se trabaja el diseño bivariado, pero, las fórmulas de varianza deben adaptarse a la formulación de los capítulos 1 y 2, donde se incluyen varianzas con R etapas y de fácil cómputo, ya que involucran promedios simples, promedios de razón ó promedios de regresión dentro de cada etapa del diseño. Esto sugiere que al trabajar estimadores bivariados de razón y regresión, la construcción de promedios grupales va de acuerdo al método, esto es, los desarrollos tienen en cuenta la pariedad dentro de cada etapa del diseño.

Suponga que el diseño tiene dos etapas y es un estimador de razón elemental, entonces se construyen varianzas del estimador de razón en ambas etapas, ya que en estos diseños se trabaja con pariedad elemental.

En los diseños que no tienen pariedad elemental, se puede optar por la formulación tradicional, siendo la expansión simple un problema en las estimaciones de regresión.

Para estar de acuerdo con la metodología propuesta en este libro, lo único es seguir los esquemas generales de R etapas y plantear una forma de recoger promedios en sus etapas, para estimar la variación.

Dentro de los esquemas con variables auxiliares, suele hacerse la salvedad de que si ambas variables se relacionan linealmente se puede usar sin problemas estos estimadores: Razón, cuando la relación es a través del origen y Regresión, exclusivo cuando la recta de la relación no pasa por el origen.

En el caso, los estimadores auxiliares no son iguales a los métodos tradicionales, que trabajan con totales primarios de expansión simple; sino estimadores elementales de unidades de última etapa, es decir, al inverso del formato tradicional.

Otro aspecto importante es que la variación en las formulaciones se mide sin truncar las etapas, lo que suele evitar errores en la inferencia.

3.2.1. Supuestos Básicos

Existen tres supuestos claves, que debe tener todo diseño bivariado de muestreo en varias etapas:

- *Valores elementales de población con media única para ambas variables.*

  El primero de ellos, se refiere a que las variables de unidades elementales que pertenecen a un mismo estrato, deben, a pesar de pertenecer a distintos conglomerados en cualquier etapa, presentar una distribución que se caracteriza por tener cada una una media estadísticamente fija, lo que indica que a pesar

*de errores de agrupamiento y errores individuales, los prome-
dios elementales se consideran iguales para cualquier unidad
de agrupamiento dentro de un mismo estrato perteneciente a
una misma variable.*

○ *Aleatorización en las Etapas.*

*El segundo supuesto es necesario para recoger la varianza
polietapica, en una varianza que depende exclusivamente de
las varianzas elementales, bajo el primero de estos supuestos. De este modo, la computación de la varianza deja de ser
un problema, ya que esta no depende de las etapas nominales aunque se elija cualquier método probabilístico de selección.*

○ *Pesos de muestreo fijos o aleatorios.*

*El tercero, es que se pueden crear dos tipos de diseños: el
primer diseño corresponde a un diseño de pesos fijos bajo
muestreo aleatorio simple, que se define como aquel para el
que las variables elementales dentro de la misma unidad de
agrupación presentan un mismo peso correlacionado con la variable estudiada. A esta categoría pertenencen los diseños cuyo
peso fijo se obtiene con el promedio muestral de la variable
auxiliar. El segundo diseño se refiere al método de Sampford,
un diseño de pesos variables y en su mayoría proporcionales
a la variable elemental o al total dentro de una determinada
etapa. Este diseño hace referencia a un diseño que utiliza
una variable auxiliar bajo una estimación de razón promedio,
cuyo diseño es el de un muestreo con pesos proporcionales al
tamaño.*

3.3. Propiedades

3.3.1. La propiedad Compleja

Al seleccionar una muestra por etapas en forma aleatoria, es posible que se utilice cualquier modelo o forma de selección descrita anteriormente. No obstante, las formas básicas con reemplazo o sin reemplazo conducirán a tratar con variables elementales independientes estadísticamente; por ejemplo, en el caso con reemplazo con orden se tienen variables independientes e idénticamente distribuidas, mientras que en el caso sin reemplazo las variables son independientes pero con distribuciones no idénticas; lo cual, es una condición suficiente para que la varianza de la suma de los valores aleatorios elementales multiplicados por los pesos constantes y predeterminados, sea igual a la sumatoria de los pesos específicos al cuadrado multiplicados por la varianza de la variable elemental específica, que ahora pasa a ser la varianza individual de los residuales.

Por lo tanto, el modelo por etapas al usar estimadores de razón debe cumplir el supuesto de que las variables sean proporcionales originando una razón constante que permite mejorar sustancialmente las estimaciones univariables.

Al definir un muestreo bietápico aleatorio simple con reemplazo, bajo variable auxiliar con pesos fijos y dependientes de los valores de variable auxiliar, se tiene

$$\widehat{V}(\widehat{Y}) = V \left(\sum_{i=1}^{n} \sum_{j=1}^{m_i} w_{ij} y_{ij} \right)$$

$$\widehat{V}(\widehat{Y}) = \sum_{i=1}^{n} \sum_{j=1}^{m_i} w_{ij}^2 S_{i\,e}^2$$

Este resultado sería la varianza exacta, en el diseño con reemplazo dentro de cada etapa.

Al definir un muestreo sin reemplazo dentro de cada etapa, se tiene

$$\widehat{V}(\widehat{Y}) = \sum_{i=1}^{n} \sum_{j=1}^{m_i} w_{ij}^2 S_{i\,e}^2 \times \left(1 - \frac{m_i}{M_i}\right)$$

Este resultado sería la varianza teórica, en el diseño sin reemplazo en la última etapa. Esta varianza es el estimador insesgado. Además, esta propiedad se extiende al caso de pesos variables, utilizando el estimador de razón promedio, que en este caso se presentará con el esquema de muestreo aleatorio pps igual al método de Sampford con pesos desiguales. Al sustituir la varianza individual unitaria por la varianza residual se tiene un estimador insesgado con menor varianza.

3.3.2. Propiedad de invarianza

Se cumple el principio de invarianza descrito en el capítulo anterior. De este modo, se tiene, para un muestreo sin reemplazamiento

$$\widehat{V}(\widehat{Y}) = V\left(\sum_{i=1}^{n} \sum_{j=1}^{m_i} w_{ij} y_{ij}\right) = \sum_{i=1}^{n} \sum_{j=1}^{m_i} w_{ij}^2 V(y_{ij})$$

Lo cual resulta en

$$\widehat{V}(\widehat{Y}) = M^2 \left(1 - \frac{n}{N}\right) \frac{V\left(\overline{y}_e\right)}{n} + \frac{M^2}{n^2} \sum_{i=1}^{n} \frac{S_{i\,e}^2}{m_i} \times \left(1 - \frac{m_i}{M_i}\right)$$

Para cualesquieras valores n, m_i para $i = 1, 2, 3, ..., n$. Esta varianza es el estimador con estructura única, pero con valores esperados que dependen del diseño de muestreo con que se seleccionan los agrupamientos.

3.4. M.A.S. Pareado

Esta sección es un muestreo aleatorio anidado con dos variables: respuesta y auxiliar.

3.4.1. Muestreo Bietápico

Existen dos estimadores bivariables en dos etapas, esto es, por muestreo con variable auxiliar; el primero de ellos es el estimador de pesos desiguales bajo muestreo pps del método de Sampford, que se caracteriza por ser insesgado y de mínima varianza; además está el método de pesos iguales bajo muestreo aleatorio simple, que también cumple los requisitos de un buen estimador similar al de Sampford. Estos métodos no compiten entre sí y tampoco se aplican para una misma muestra ya que corresponden a dos diseños diferentes; entonces, si la muestra se elige con pesos bajo el método acumulativo se usa el método de Sampford; pero, si la muestra es aleatoria simple, se debe usar el estimador de razón, que existe una forma de transformarlo en un estimador insesgado tomando la primera unidad con pesos desiguales y las restantes en forma aleatoria. Este último se trata de un método híbrido, que proporciona un tratamiento diferente de los otros, pero, que puede originar los mismos resultados.

Método de Sampford

El método de Sampford es el método de Hortvitz Thompson con pesos iguales a una variable de tamaño, bien sea una variable auxiliar proporcional a la variable de estudio o de otro modo una variable asociada a la cantidad de elementos o tamaño de conglomerados. Para este caso, se tiene la misma estructura presentada en el capítulo anterior para pesos constantes sólo que en este caso los pesos de las unidades elementrales son proporcionales a la variable respuesta y se toman mediante la variable auxiliar fuertemente correlacionada con la variable de estudio. En el caso de usar el tamaño de conglomerado no hace falta comprobar el supuesto de linealidad por el origen debido a que la expansión del promedio siempre estará correlacionada con el tamaño por propiedades del producto. Bajo muestreo sin reemplazo en las dos etapas, se puede definir

$$\widehat{Y}_\pi = \sum_{i=1}^{n} \sum_{j=1}^{m_i} w_{ij} y_{ij}$$

donde $w_{ij} = \frac{\tau_x}{n_t x_{ij}}$ *proporciona los pesos que se deben suministrar al software, y como había mencionado son diferentes para cada unidad. De este modo, la expresión se convierte en un estimador de razón promedio, cuyas unidades se toman con pesos desiguales como se mencionó anteriormente.*

La varianza de este diseño, sin reemplazo, retirando la unidad seleccionada de la urna es diferente a los diseños donde se retira el máximo común divisor de un conjunto de varias de una misma especificación, porque en ese, puede dar lugar a selecciones repetidas de la misma unidad como se muestra en varios autores; y esto incrementa la varianza.

Por lo tanto, se corrige el diseño de Hortvitz thompson, y en particular este, bajo el modelo de Sampford, para el cual, cada unidad tiene su propio peso diferente y su varianza bajo distribución base hipergeométrica es

$$\widehat{V}(\widehat{Y}_\pi) = \tau_x^2 \left(1 - \frac{n}{N}\right) \frac{V\left(\frac{\overline{y}_i}{\overline{x}_i}\right)}{n} + \frac{\tau_x^2}{n^2} \frac{\sum_{i=1}^{n} \sum_{j=1}^{m_i} \left(\frac{y_{ij}}{x_{ij}} - \overline{R}_i\right)^2}{m_i(m_i - 1)} \left(1 - \frac{m_i}{M_i}\right)$$

En caso de elegir las unidades con reemplazo bajo distribución binomial se utiliza el esquema de Hansen-Hurwitz, que tiene un tratamiento similar pero su varianza corresponde a

$$\widehat{V}(\widehat{Y}_\pi) = \tau_x^2 \frac{V\left(\frac{\overline{y}_i}{\overline{x}_i}\right)}{n} + \frac{\tau_x^2}{n^2} \frac{\sum_{i=1}^{n} \sum_{j=1}^{m_i} \left(\frac{y_{ij}}{x_{ij}} - \overline{R}_i\right)^2}{m_i(m_i - 1)}$$

En ambos casos se requiere que para cada valor elemental de la respuesta exista un valor elemental de la variable auxiliar. Si este no es el caso se requiere modificar tomando pesos constantes dentro de los congomerados para los cuales se tiene la unidad de tama͠no, puesto que el tamaño del conglomerado será el mismo para las unidades que pertenezcan a él.

Método usado por Graunt y Laplace

Graunt usó el método tradicional de razón para estimar la población inglesa al igual que Laplace para estimar la población francesa. Ambos de manera independiente utilizaron estimadores de razón, pero, el segundo lo hizo bajo los procedimientos de muestreo y teniendo un control del error. Bajo muestreo aleatorio simple se define el estimador de razón usando pesos fijos dentro de la muestra, pero que naturalmente pueden variar de una muestra a otra muestra.

El estimador de razón Simple se trata de un estimador casi insesgado y en esta forma de muestreo se define como

$$\widehat{Y}_r = \sum_{i=1}^{n} \sum_{j=1}^{m_i} w_{ij} y_{ij}$$

donde $w_{ij} = \frac{\tau_x}{nm_i\overline{x}_i}$, donde $\overline{x}_i$ se define como el promedio simple de los valores elementales de la variable aleatoria auxiliar, en el conglomerado i y la fórmula proporciona los pesos fijos que se deben suministrar al software. De este modo, la expresión se convierte en un estimador de razón, cuyas unidades se toman con pesos iguales como se mencionó anteriormente.

La varianza de este diseño, sin reemplazo, retirando la unidad seleccionada de la urna es bajo distribución base hipergeométrica

$$V(\widehat{Y}_r) = \tau_x^2 \left(1 - \frac{n}{N}\right) \frac{V\left(\frac{\overline{y}_i}{\overline{x}_i}\right)}{n} + \frac{\tau_x^2}{n^2\overline{x}^2} \frac{\sum\limits_{i=1}^{n}\sum\limits_{j=1}^{m_i}\left(y_{ij} - \widehat{R}_i x_{ij}\right)^2}{m_i(m_i - 1)} \left(1 - \frac{m_i}{M_i}\right)$$

En caso de elegir las unidades con reemplazo bajo distribución binomial se utiliza el esquema de Hansen-Hurwitz, que tiene un tratamiento similar pero su varianza corresponde a

$$V(\widehat{Y}_r) = \tau_x^2 \frac{V\left(\frac{\overline{y}_i}{\overline{x}_i}\right)}{n} + \frac{\tau_x^2}{n^2\overline{x}^2} \frac{\sum\limits_{i=1}^{n}\sum\limits_{j=1}^{m_i}\left(y_{ij} - \widehat{R}_i x_{ij}\right)^2}{m_i(m_i - 1)}$$

En ambos casos se requiere que para cada valor elemental de la respuesta exista un valor elemental de la variable auxiliar.

        J. Tilano

*Ejemplo **3.1** Se recogen datos de la población de 10 y 11 desde 2011 hasta 2013 en $N = 12$ grupos de estudiantes que arrojan un total de 327.*

A continuación se toma una muestra aleatoria por etapas de 4 grupos de los 12 y una muestra de los estudiantes en cada grupo, para una muestra total de 30.

La muestra contiene las calificaciones finales pareadas de Física x y Estadística y, y en ella se detallan los principales datos para medir la calificación promedio en Estadística.

Se sabe que la media global en física es $\mu_x = 2{,}8$.

(a) Utilice la información para estimar la media y el total de la calificación de Estadística, usando estimador de razón bivariado. Dé cuenta del error absoluto.

(b) Utilice la información para estimar la media y el total de la calificación de Estadística, usando estimador de regresión lineal, definido con base en las estimaciones elementales. Dé cuenta del error absoluto.

A continuación, se muestran los insumos para llevar a cabo esta tarea.

Grupo	Inferior	superior	M_i
1	1	27	27
2	28	51	24
3	52	78	27
4	79	105	27
5	106	132	27
6	133	158	26
7	159	187	29
8	188	210	23
9	211	243	33
10	244	271	28
11	272	299	28
12	300	327	28

La muestra se describe a continuación

NUMERO	X	Y	GRUPO	NUMERO	X	Y	GRUPO
1	3,07	3,12	9	17	2,91	3,33	11
2	4,56	4,64	9	18	3,64	4,40	11
3	3,13	3,20	9	19	3,58	4,13	11
4	2,94	2,93	9	20	1,74	1,96	11
5	2,89	3,38	9	21	2,99	3,28	11
6	2,50	2,93	9	22	3,26	3,38	11
7	2,43	2,54	9	23	3,18	3,04	11
8	2,73	2,51	9	24	3,14	3,54	11
9	2,94	3,05	9	25	3,05	3,59	6
10	1,70	2,40	4	26	2,65	3,11	6
11	3,97	4,33	4	27	2,65	4,05	6
12	2,29	3,24	4	28	2,61	2,64	6
13	3,48	3,43	4	29	2,65	3,11	6
14	3,28	3,01	4	30	3,16	3,20	6
15	1,33	1,70	4				
16	3,48	3,10	4				

Solución

En primera instancia se realiza un resumen de las medidas.

m_i	M_i	$\overline{x}_i$	$\overline{y}_i$	S^2_{xi}	S^2_{yi}	S_{xyi}
9	33	3,02	3,14	0,39	0,4	0,37
7	27	2,79	3,03	1,03	0,68	0,73
8	28	3,06	3,38	0,35	0,54	0,41
6	26	2,8	3,28	0,059	0,23	0,021

(a) En principio, se plantea la estimación de razón, como el promedio de las razones por conglomerado

$$\widehat{R} = \frac{1}{n} \sum_{i=1}^{n} \frac{\overline{y}_i}{\overline{x}_i} = 1{,}10$$

El promedio de la calificación de Estadística, se estima en

$$\overline{y}_r = \widehat{R}\mu_x = 1{,}1(2{,}8) = 3{,}08$$

El total será

$$\widehat{Y}_r = M\overline{y}_r = 327(3{,}08) = 1007{,}16$$

$$V(\overline{y}_r) = \frac{1}{n^2}\sum_{i=1}^{n}\frac{M_i - m_i}{M_i}\frac{S_{ri}^2}{m_i} = 0{,}00475$$

$$V(\widehat{Y}_r) = M^2 V(\overline{y}_r) = 327^2(0{,}00475) = 507{,}73$$

El intervalo para la media es

$(3{,}08 - 1{,}96 * \sqrt{0{,}00475}; 3{,}08 + 1{,}96 * \sqrt{0{,}00475})$

La media verdadera, con una confianza del 95 % cae entre 2.94 y 3.22.

Para el total, se multiplica el promedio por $M = 327$, el intervalo queda entre 962,99 y 1051,33.

(b) En principio, se plantea la estimación de regresión, como el promedio de las medias por conglomerado

$$\widehat{\beta}_i = \frac{S_{xyi}}{S_{xi}^2}$$

El promedio por conglomerado con la estimación de regresión lineal, es $\overline{y}_{lri} = \overline{y}_i - \widehat{\beta}_i(\overline{x}_i - \mu_x)$ El promedio de la calificación de Estadística, se estima en

$$\overline{y}_{lr} = \frac{\sum\limits_{i=1}^{n}\overline{y}_{lri}}{n} = 3{,}081$$

El total será

$$\widehat{Y}_{lr} = M\overline{y}_{lr} = 327(3{,}081) = 1007{,}49$$

$$V(\overline{y}_{lr}) = \frac{1}{n^2}\sum_{i=1}^{n}\frac{M_i - m_i}{M_i}\frac{S_{lri}^2}{m_i} = 0{,}00344$$

$$V(\widehat{Y}_{lr}) = M^2 V(\overline{y}_{lr}) = 327^2(0{,}00344) = 367{,}74$$

El intervalo para la media es

$(3{,}08 - 1{,}96 * \sqrt{0{,}00344}; 3{,}08 + 1{,}96 * \sqrt{0{,}00344})$

La media verdadera, con una confianza del 95 % cae entre 2,97 y 3,19.

Para el total, se multiplica el promedio por $M = 327$, el intervalo queda entre 969,90 y 1044,86.

Prueba de Bondad de Ajuste *Para hacer la estimación por intervalo y proyectar el rendimiento esperado del próximo año se usará la distribución normal, puesto que cada promedio tiene un parámetro de forma superior. Como se sigue que el promedio se ajusta a una distribución normal y también a la gamma se dan los dos procedimientos, que resultan equivalentes .*

Los valores estimados se presentan en la tabla siguiente.

Muestra tomada en los años 2012 y 2013.

Estimador	Estadística (X)	Física (Y)
Promedio	2,824299215	2,975897044
Varianza	0,51995761	0,587738721
Asimetría	0,27225426	0,193591003
Coeficiente de correlación	0,816145378	$n = 327$

Al estimar los parámetros de la distribución gamma bivariante se modifican las fórmulas dadas, teniendo en cuenta que los valores del parámetro de α se pueden ajustar en el rango de valores con asimetría aceptable, y se obtiene que los promedios finales obedecen un modelo gamma bivariante no estándar. En la tabla siguiente, se presentan las estimaciones.

Parámetros del 2012 y 2013.

c	0,9
α	8
β_1	0,36
β_2	0,38

Con estos parámetros, se tiene $\sigma^2_{x0} = 0,553507873$ y $\sigma^2_{y0} = 0,614523076$; valores que estadísticamente se compaginan con la evidencia muestral.

Por esta razón, se trabaja con la distribución gamma bivariante no estándar, bajo los parámetros α, β_1, β_2 y c.

Para realizar la prueba de bondad de ajuste, no existe una prueba computacional, pero, se han establecido dos pruebas: la primera es la estimación de los parámetros a partir de la muestra y verificar que el modelo presente las mismas estadísticas que la muestra.

La segunda prueba se hace agrupando por intervalos en una tabla de contingencia y aplicar una prueba chicuadrada.

La hipótesis nula es que los datos muestrales proceden de una distribución gamma bivariante con tales parámetros.

Los 327 valores se clasificaron en 25 celdas cruzadas con valores esperados dados por el modelo.

Distribución de Valores observados.

fila/columna	c_1	c_2	c_3	c_4	c_5
clases	$0-1$	$1-2$	$2-3$	$3-4$	$4-5$
$0-1$	0	0	0	0	0
$1-2$	0	21	15	0	0
$2-3$	0	12	105	51	3
$3-4$	0	0	22	60	13
$4-5$	0	0	0	5	20

Distribución de Valores esperados.

fila/columna	c_1	c_2	c_3	c_4	c_5
clases	$0-1$	$1-2$	$2-3$	$3-4$	$4-5$
$0-1$	0	0	0	0	0
$1-2$	0	21,79	22,51	0	0
$2-3$	0	10,90	109,28	43,89	1,32
$3-4$	0	0	19,35	62,69	16,42
$4-5$	0	0	0	6,40	12,83

El valor estadístico de prueba es $\chi^2 = \sum_{i=1}^{K} \sum_{j=1}^{J} \frac{(O_{ij}-E_{ij})^2}{E_{ij}} = 11,61705954$
El valor crítico es

$$\chi^2(0{,}05; 10) = 18{,}30703805$$

No existe suficiente evidencia estadística para rechazar la hipótesis de que la muestra procede de una distribución gamma bivariante con los parámetros dados.

Se usan 10 grados de libertad porque los valores esperados no nulos son fijos, de acuerdo al modelo teórico.

A partir de la prueba se llega a que el modelo es heterocedástico, pero, bastante próximo a la densidad normal bivariada.

Para la prueba de normalidad, se tiene que instalar la librería mvnormtest y cargarla la librería en el entorno y luego usar el código

mshapiro.test(t(cx))

cx es la muestra bivariada de tamaño 30.

La salida es

Shapiro-Wilk normality test

data: Z

W = 0.95176, p-value = 0.1884

Como $p - value > 0{,}05$, no existe suficiente evidencia para rechazar la normalidad.

Esta dualidad surge porque no se rechazan las dos distribuciones. Es decir, lo que sucede es que para el parámetro $\alpha = 8$ la distribución conserva simetría normal.

Las estimaciones de la media de razón y de regresión corregidas bajo los modelos homocedástico y heterocedástico son

$r = sum(\overline{y}_i)/sum(\overline{x}_i);$

$r = 1{,}099;\ yr = r * 2{,}8;\ yr = 3{,}07832$

$rp = sum(\overline{y}_i * \overline{x}_i)/sum(\overline{x}_i^2);$

$rp = 1{,}09837;\ yrp = rp * 2{,}8; yrp = 3{,}075435$

$Vyrp = var(\overline{y}_i/\overline{x}_i) * (1 - 4/12)/4 * 2{,}8^2$

$+1/4^2 * sum((sy2i - 2*rp*sxyi + (rp)^2 * sx2i)/mi * (1 - mi/Mi))$

$Vyr = var(\overline{y}_i/\overline{x}_i) * (1 - 4/12)/4 * 2{,}8^2$

$+1/4^2 * sum((sy2i - 2*r*sxyi + (r)^2 * sx2i)/mi * (1 - mi/Mi))$

$cbind(c(yr, Vyr), c(yrp, Vyrp))$

$ylr = mean(\overline{y}_i - cov(\overline{y}_i, \overline{x}_i)/var(\overline{x}_i) * (\overline{x}_i - 2{,}8))$

$$vylr = var(y_i - s_{xyi}/s_{xi}^2 * (x_i - 2{,}8)) * (1 - 4/12)/4$$
$$+1/4^2 * sum((s_{yi}^2 - 2*cov(y_i, \overline{x}_i)/var(x_i)*s_{xyi} + (cov(y_i, \overline{x}_i)/var(x_i))^2 *$$
$$s_{xi}^2)/mi * (1 - mi/Mi))$$

Estimador	Modelo	media	varianza
Razón Ponderada	Normal	3.0754	0.008686
Razón Simple	Gamma	3.0783	0.008693
Regresión	Normal y Gamma	3.1462	0.008426

En el resultado se observa que los modelos normal y gamma dan resultados similares; en el caso de la estimación de regresión su valor se aleja de la media verdadera de 2.97, pero el intervalo de holgura al 95 % sigue siendo válido. Al usar normal y gamma se interpretan de manera diferente la regresión normal es minimo cuadrado ordinario y la regresión gamma es minimo cuadrado ponderado con varianza residual proporcional al predictor.

Ejemplo **3.2** Para el ejemplo 1.5 se midió la variable auxiliar cantidad de hectáreas producidas en Colombia x y la variable elemental cantidad de hectáreas cosechadas en tubérculos.
Comente a cerca de la estimación de razón separada elemental.

h	Region	X_h	Y_h	τ_x
1	CARIBE	2860,03	2292,76	672981
2	PACIFICA	6150,98	4634,37	931900
3	AMAZONICA	6489,14	5396,94	282195
4	ORINOQUIA	3973,88	3604,47	492888
5	ANDINA	2949,26	2686,38	1444719

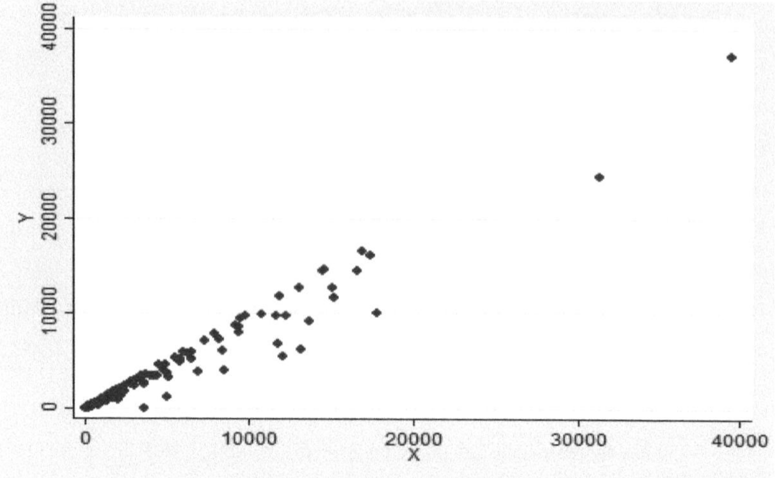

Solución

Con los datos se obtienen las estimaciones separadas por región.

h	Region	$\widehat{R}_h$	$\widehat{Y}_{rh}$	$V(\widehat{Y}_{rh})$
1	CARIBE	0,801655927	539499,2072	860342575
2	PACIFICA	0,753436038	702127,0437	1094834487
3	AMAZONICA	0,83168802	234698,2009	113692774
4	ORINOQUIA	0,907040474	447069,3653	398746219,7
5	ANDINA	0,910865776	1315945,094	2364024775

La suma de las dos últimas columnas dan la estimación de razón separada y su varianza

$$\widehat{Y}_{rs} = 3239338,911 \ y \ ee(\widehat{Y}_{rs}) = \sqrt{69510^2 + 116436^2}.$$

Se pueden analizar por separado las estimaciones por región, y además la estimación global; estas estimaciones superan las estimaciones hechas en el primer capitulo. Para obtener las varianzas separadas se utiliza la fórmula $V(\widehat{Y}_{rh}) = \tau_{xh}^2 \frac{\left(S_{yh}^2 - 2R_h * S_{xyh} + \widehat{R}_h^2 * S_{xh}^2\right)}{n_{th}\overline{x}_h^2}$, *que es una varianza elemental que solo depende de valores elementales.*

Se anexa la tabla de valores para estos cálculos.

h	Region	n_{th}	S_{xh}^2	S_{yh}^2	S_{xyh}
1	CARIBE	37	11848966,9	6372368,63	8282394,46
2	PACIFICA	31	46089235,8	27719433,7	34569800,4
3	AMAZONICA	17	35909283	28926371	31391874,6
4	ORINOQUIA	21	27562759,9	26837855,1	26860344,2
5	ANDINA	44	40068832,1	35091965	37255793

Se pueden comparar las estimaciones univariadas de totales por estrato con las de estimadores bivariados o de variable auxiliar.

h	Region	$\widehat{Y}_{rxh}$	$\widehat{Y}_{rh}$	$\widehat{Y}_{sh}$
1	CARIBE	539499,2072	451325,3162	446146,4324
2	PACIFICA	702127,0437	803031,2941	824892,1935
3	AMAZONICA	234698,2009	270643,9394	269832,3529
4	ORINOQUIA	447069,3653	237831,3077	245097,9048
5	ANDINA	1315945,094	1671577,645	1670609,705

En casi todos los casos donde se tiene una variable auxiliar x relacionada linealmente con la respuesta y, existen dos vías: una cuando la relación lineal es una ecuación que pasa por el origen, y la otra es la de regresión lineal cuando la recta no pasa por el origen. En ambos casos las estimaciones univariadas son superadas. Por lo tanto, bajo la proporcionalidad mostrada en la gráfica de dispersión y el conocimiento exacto de los parámetros de la variable auxiliar, es mejor la estimación de razón bivariada que la estimación de razón univariada.

Hay que tener la precaución de que los totales por conglomerado correlacionan en forma natural con los tamaños de los mismos, y así la estimación de razón univariada suele ser confiable y óptima. Cuando se notan las diferencias entre los métodos se debe realizar un esfuerzo por hacer una buena elección, pero, una solución es utilizar un intervalo de confianza hibrido, ya que si las muestras son probabilísticas y de buen rigor, y los insumos están bien es escasa la probabilidad de fallar, es decir, encontrar estimaciones erróneas.

Las varianzas de este ejemplo están valoradas de acuerdo a la varianza combinada de los estratos. Por eso, sigue siendo válida la impresión de que la varianza es menor en el caso bivariable. Esto ocurre por la proporcionalidad directa entre variable auxiliar y respuesta

Ejemplo **3.3** *En una población de 121 estudiantes repartidos en $N = 4$ grupos, se toman muestras de $n = 2$ grupos y en cada grupo muestreado se toman $m = 8$ estudiantes.*
Los datos se resumen en la siguiente tabla.

Muestra	Grado	m_i	M_i	$\overline{x}_i$	$\overline{y}_i$	S^2_{xi}	S^2_{yi}	S_{xyi}
1	10A	8	34	3,20	2,91	0,35	0,14	0,10
	10B	8	38	3,36	3,35	0,45	0,52	0,47
2	10A	8	34	3,44	3,18	0,09	0,17	0,07
	11A	8	24	3,50	3,66	0,16	0,14	0,14
3	10A	8	34	3,21	3,26	0,36	0,41	0,27
	11B	8	25	3,43	3,58	0,28	0,11	0,17
4	10B	8	38	3,33	3,26	0,16	0,19	0,14
	11A	8	24	3,73	3,73	0,32	0,24	0,22
5	10B	8	38	3,64	3,55	0,07	0,19	0,07
	11B	8	25	3,79	3,85	0,58	0,60	0,47
6	11A	8	24	3,39	3,25	0,25	0,28	0,19
	11B	8	25	3,38	3,70	0,20	0,23	0,19

*Estime los intervalos de confianza de al menos 95 % para la calificación media de Física **y**, para cada una de las 6 muestras por los métodos: Expansión Elemental, Razón univariada, Razón bivariada y Regresión bivariada. Comente a cerca de los resultados obtenidos.*

Solución

(a) El promedio elemental se obtiene como $\overline{y}_s = \dfrac{\sum\limits_{i=1}^{n} m_i \overline{y}_i}{\sum\limits_{i=1}^{n} m_i}$.

Debido a que las muestras de los dos grados tienen igual número de *elementos, este promedio es equilibrado. Al utilizar el intervalo de al menos la confianza del 95 %, se usa la t de student con mínimo $\frac{2(n_t-1)}{5} = 6$ grados de libertad, donde $n_t = 16$. Este método de muestreo con reemplazo se puede consultar en [20].*

Los resultados se muestran a continuación

Muestra	$\overline{y}_s$	$ee(\overline{y}_s)$	L_i	L_s
1	3,13125	0,143439105	2,780267155	3,482232845
2	3,41875	0,098510106	3,177704453	3,659795547
3	3,41875	0,127366001	3,107096623	3,730403377
4	3,49375	0,1156069	3,210870106	3,776629894
5	3,7	0,157548179	3,314493495	4,085506505
6	3,475	0,1264205	3,16566018	3,78433982

(b) El promedio de razón univariada se obtiene como $\overline{y}_r = \dfrac{\sum\limits_{i=1}^{n} M_i \overline{y}_i}{\sum\limits_{i=1}^{n} M_i}$.

Debido a que los conglomerados de los dos grados tienen distinto número de elementos, este promedio le otorga más peso al grupo con mayor número de estudiantes. Al utilizar el intervalo de al menos la confianza del 95 %, se usa la t de student con el puntaje anterior $t = 2{,}4469$.

Los resultados se muestran a continuación

Muestra	$\overline{y}_r$	$ee(\overline{y}_r)$	L_i	L_s
1	3,143402778	0,148200216	2,780769913	3,506035642
2	3,376724138	0,101917554	3,127340867	3,626107409
3	3,394915254	0,139223313	3,05424808	3,735582429
4	3,441532258	0,11544769	3,159041937	3,724022579
5	3,669047619	0,143430131	3,318086732	4,020008506
6	3,479591837	0,126172728	3,170858293	3,788325381

(c) El promedio de razón bivariada, con la muestra pareada, se obtiene como $\overline{y}_{rx} = \dfrac{\sum\limits_{i=1}^{n} \frac{\overline{y}_i}{\overline{x}_i}}{n} * \mu_x$, que es un promedio de las razones

por conglomerados por la media global.

Debido a que la media elemental de Estadística es $\mu_x = 3,37521$; los conglomerados de los dos grados proporcionan razones distintas ajustadas a la muestra y sus varianzas residuales se calculan para cada conglomerado.

Los resultados se muestran a continuación

Muestra	$\overline{y}_{rx}$	$ee(\overline{y}_{rx})$	L_i	L_s
1	3,217312384	0,096281037	2,981721173	3,452903594
2	3,324688097	0,06619063	3,162725459	3,486650735
3	3,475382445	0,09577802	3,241022074	3,709742816
4	3,343484745	0,073065755	3,164699283	3,522270207
5	3,362459582	0,108834598	3,096150915	3,62876825
6	3,469216056	0,080798457	3,271509355	3,666922757

(d) El promedio de regresión bivariada, con la muestra pareada, se obtiene como $\overline{y}_{lrx} = \dfrac{\sum_{i=1}^{n} \overline{y}_i + \widehat{\beta}_i(\mu_x - \overline{x}_i)}{n}$, que es un promedio de las estimaciones de regresión por conglomerados.

Debido a que la media elemental de Estadística es $\mu_x = 3,37521$; los conglomerados de los dos grados proporcionan regresiones distintas ajustadas a la muestra y sus varianzas residuales se calculan para cada conglomerado.

Los resultados se muestran a continuación

Muestra	$\overline{y}_{lrx}$	$ee(\overline{y}_{lrx})$	L_i	L_s
1	3,162129206	0,069555192	2,991933781	3,33232463
2	3,339720538	0,064594903	3,181662504	3,497778571
3	3,465365729	0,081225722	3,266613547	3,664117911
4	3,395466701	0,066164944	3,233566915	3,557366488
5	3,408608941	0,105188006	3,151223164	3,665994719
6	3,470564086	0,077631197	3,28060739	3,660520782

El lector debe comprobar que las fórmulas dadas originan estos resultados. En este caso, el promedio poblacional de la calificación promedio de Física 2023 queda contenida en los intervalos con una probabilidad de 0.95 ó más.

El método más preciso es el de regresión, por ser generalmente el más eficiente; esto lo hace el método más sensible, ya que si se proporcionan valores auxiliares de μ_x distorsionados ó los elementos por etapas no se seleccionan aleatoriamente, será incorrecto el resultado de la estimación por intervalo.

En caso de que se necesite estimar el total, sea bietápico o poletápico, es necesario conocer el número total de unidades elementales. En todos los métodos multiplique las 4 columnas por el total de unidades elementales y se obtienen las estimaciones de total, su error estándar y los límites de confianza. Tenga el cuidado de que entre más etapas tenga el diseño existirán más unidades elementales y cada etapa tiene diferente cantidad.

Por ejemplo, si muestreo una ciudad tomando barrios en la primera etapa, manzanas o edificios de los barrios seleccionados en la segunda etapa, y en la tercera etapa viviendas que proporcionan la variable gastos educativos; el total de unidades elementales, que se denota con M, en este caso, es el total de viviendas en la ciudad y eso incluye los apartamentos en los edificios. Ahora, si se quiere estimar el total de gastos educativos en la ciudad, el promedio elemental de los gastos por núcleo familiar se debe multiplicar por M. Al pretender el gasto total promedio por barrio, se divide el gasto educativo total entre el total de barrios como una regla de tres simple; pero, si los barrios tienen distinto número de familias, conviene estimar la cantidad total de los gastos para cada barrio por separado con el valor exacto de sus familias multiplicado por el promedio elemental por familia que si se supone fijo, bajo el primer supuesto.

Esto quiere decir que el método de la regla de tres suele ser muy impreciso por considerar a todos los conglomerados con igual tamaño, sólo con esa forma se da un promedio que puede no representar bien a todos los grupos; por esto, suele ser mejor realizar la expansión del promedio elemental según las condiciones de cada conglomerado en cada etapa, aunque este diseño exija mayor esfuerzo en conocer esos tamaños.

3.4.2. Un buen diseño complejo

Existen cinco propiedades que debe cumplir todo diseño complejo para ser un buen diseño:

i) Los pesos de ponderación de cada unidad elemental muestreada son valores fijos, que dependerán del diseño que se utilice, y el estimador lineal tiene la forma $\widehat{Y}_{st} = \sum\limits_{h=1}^{L} \sum\limits_{k=1}^{n_{th}} w_{kh}y_{kh}$.

ii) Los valores elementales de la muestra, en cada estrato h, son aleatorios y se toman de una población única cuyo promedio es μ_h *y varianza* σ_h^2.

iii) Para cada muestra de tamaño n_{th} *unidades elementales, repartidas entre los conglomerados pertenecientes a un mismo estrato h; y para cada diseño, debe cumplirse la propiedad de insesgamiento, que consiste en que* $\sum\limits_{k=1}^{n_{th}} w_{kh} = M_h$ *donde el índice k depende de los índices de cada etapa a la que pertenezca la unidad de respuesta muestreada tomada del total* M_h.

iV) Dado que las y_{kh} *se toman al azar, con reemplazo o sin reemplazo, se cumple que las variables aleatorias* Y_{kh} *son estadísticamente independientes.*

V) Al considerar las propiedades anteriores, se tiene que la varianza general del estimador $\widehat{Y}_{st} = \sum\limits_{h=1}^{L} \sum\limits_{k=1}^{n_{th}} w_{kh}y_{kh}$ *se estima con*

$$\widehat{V}\left(\widehat{Y}_{st}\right) = \sum\limits_{h=1}^{L} \sum\limits_{i=1}^{n_h} w_{ih}^2 S_{ih}^2 \left(1 + c\frac{m_{ih}}{M_{ih}}\right)$$

donde S_{ih}^2 *es una varianza elemental individual que puede depender del método empleado. Sin variable auxiliar es una varianza elemental y con variable auxiliar es la varianza de los residuos elementales que origina un estimador de razón.*

Demostración

i) En el primer caso, se supone que los pesos de cada variable aleatoria respuesta elemental son fijos porque pueden depender de los factores de elevación definidos en cualquier forma, los cuales no cambian; o de otro modo, estos dependen de una variable auxiliar constituida por pares de puntos específicos dentro de una misma población. Sin embargo, con este último se forma un estimador de razón con la misma estructura, pero con un cambio en la varianza de los valores individuales que depende de un cociente.

ii) En el segundo caso, los valores elementales aleatorios de la respuesta al pertenecer a un mismo estrato, se suponen que tienen las mismas características, en cuanto a generarse de poblaciones con única media. Pues, los elementos dentro de un mismo estrato serán, por definición, similares; y en estratos diferentes tendrán comportamientos distintos, en cuanto al valor esperado.

Aunque las varianzas sean diferentes la teoría sigue teniendo validez. Es posible presentar una prueba de ello mas adelante.

iii) Al tener M_h unidades elementales con media μ_h en el estrato h se supone que el total del estrato es $\tau_{yh} = M_h \mu_h$, por lo que, al tener cada unidad de respuesta dentro del estrato h valor esperado μ_h, Se tiene que $E\left(\widehat{Y}_{st}\right) = \sum\limits_{h=1}^{L} \sum\limits_{k=1}^{n_{th}} w_{kh}\mu_h$. De donde,

$$E\left(\widehat{Y}_{st}\right) = \sum_{h=1}^{L} M_h \mu_h, \text{ siempre que } \sum_{k=1}^{n_{th}} w_{kh} = M_h, \text{ para cada } h.$$

iV) Partiendo de la definción del estimador lineal $\widehat{Y}_{st} = \sum\limits_{h=1}^{L} \sum\limits_{k=1}^{n_{th}} w_{kh} y_{kh}$, lo segmentaremos en dos casos:

Primero, muestreo aleatorio simple con reemplazo en cada etapa o muestreo aleatorio simple sin reemplazo en cada etapa, con pesos dependientes de los factores de elevación. Esto provoca variables i.i.d (independientes e identicamente distribuidas) para el muestreo con reemplazo y variables i.n.i.d (indpendientes no identicamente distribuidas) para el muestreo sin reemplazo.

Segundo, para el caso de utilizar una variable auxiliar sigue siendo lo mismo, ya que es una propiedad del muestreo utilizado no del método.

V) Primero, bajo muestreo aleatorio simple con reemplazo en cada etapa o muestreo aleatorio simple sin reemplazo en cada etapa, con pesos dependientes de una variable auxiliar elemental. Esto provoca variables i.i.d (independientes e identicamente distribuidas) para el muestreo con reemplazo y variables i.n.i.d (indpendientes no identicamente distribuidas) para el muestreo sin reemplazo. De acuerdo, con esto, se tiene que la varianza de la sumaproducto, bajo muestreo aleatorio simple, es la suma de las varianzas individuales de los productos; esto es,

$$V\left(\widehat{Y}_{st}\right) = \sum_{h=1}^{L} \sum_{i=1}^{n_h} V\left(w_{ih}\overline{Y}_{ih}\right)$$

Al aplicar la propiedad de que los pesos son fijos para cada valor aleatorio, se tiene

$$V\left(\widehat{Y}_{st}\right) = \sum_{h=1}^{L} \sum_{i=1}^{n_h} w_{ih}^2 V\left(\overline{Y}_{ih}\right)$$

Al tomar muestreo con reemplazo con orden en cada etapa, se tiene que $V(\overline{Y}_{ih}) = \frac{\sigma_{ih}^2}{m_{ih}}$ y al tomar muestreo sin reemplazo en cada etapa se tiene $V(\overline{Y}_{ih}) = \frac{M_{ih}-m_{ih}}{M_{ih}-1}\frac{\sigma_{ih}^2}{m_{ih}}$, lo cual, provoca que

$$\widehat{V}\left(\widehat{Y}_{st}\right) = \sum_{h=1}^{L} \sum_{i=1}^{n_h} w_{ih}^2 S_{ih}^2 \left(1 + c\frac{m_{ih}}{M_{ih}}\right)$$

donde $c = 0$ para el muestreo con reemplazo en etapa elemental y $c = -1$ para el muestreo sin reemplazo en etapa elemental.

Segundo, con pesos dependientes de una variable auxiliar, y de acuerdo con lo anterior se tiene que la varianza de la sumaproducto es la suma de las varianzas individuales de los productos; esto es,

$$V\left(\widehat{Y}_{st}\right) = \sum_{h=1}^{L} \sum_{i=1}^{n_h} \sum_{j=1}^{m_{ih}} V\left(w_{ijh}y_{ijh}\right)$$

Al aplicar la propiedad de que los pesos son fijos para cada valor aleatorio; estos se toman bajo muestreo aleatorio simple como

$w_{ijh} = \dfrac{\tau_{xh}}{\sum\limits_{i=1}^{n_h}\sum\limits_{j=1}^{m_{ih}} x_{ijh}}$ se tiene

$$V\left(\widehat{Y}_{st}\right) = \sum_{h=1}^{L}\sum_{i=1}^{n_h}\sum_{j=1}^{m_{ih}} w_{ijh}^2 V\left(y_{ijh}\right)$$

Al tomar muestreo con reemplazo con orden en cada etapa, se tiene que $V(y_{ijh}) = \sigma_{rih}^2$ y al tomar muestreo sin reemplazo en cada etapa se tiene $V(y_{ijh}) = \sigma_{rih}^2 \frac{M_{ih}-m_{ih}}{M_{ih}-1}$, lo cual, provoca que

$$\widehat{V}\left(\widehat{Y}_{st}\right) = \sum_{h=1}^{L}\sum_{i=1}^{n_h} \frac{\tau_{Xh}^2}{n_h^2 m_{ih}\overline{X}_{ih}^2} S_{rih}^2 \left(1 + c\frac{m_{ih}}{M_{ih}}\right)$$

donde $c = 0$ para el muestreo con reemplazo en cada etapa y $c = -1$ para el muestreo sin reemplazo en cada etapa.

Además,

$$\widehat{R}_{ih} = \frac{\sum\limits_{j=1}^{m_{ih}} y_{ijh}}{\sum\limits_{j=1}^{m_{ih}} x_{ijh}} = \frac{\overline{Y}_{ih}}{\overline{X}_{ih}}$$

$$S_{rih}^2 = \frac{\sum\limits_{j=1}^{m_i}\left(y_{ijh} - \widehat{R}_{ih}x_{ih}\right)^2}{m_{ih} - 1}$$

3.4.3. Optimización de la Varianza

Suponga que se seleccionan n_h conglomerados de un total N_h y de cada conglomerado de tamaño M_{ih} se seleccionan m_{ih}, para cada $i = 1, 2, \cdots, n_h$. Es posible que el diseño tenga mas etapas y se sigan seleccionando muestras en cada etapa del diseño. Además, se considera que los n_{th} elementos tomados aleatoriamente, por etapas, del total M_h, dentro del estrato h tienen media única μ_h y varianza igual o diferente. Demostrar que la expresión
$\widehat{V}\left(\widehat{Y}_{st}\right) = \sum\limits_{h=1}^{L}\sum\limits_{k=1}^{n_h}\sum\limits_{j=1}^{m_{ih}} w_{ijh}^2 S_{ih}^2\left(1 + c\frac{m_{ih}}{M_{ih}}\right)$ toma el valor mínimo cuando $w_{ijh} = \frac{M_h}{n_h m_{ih}}$, esto es, todos los pesos son iguales dentro del conglomerado elemental en el mismo estrato se consideran iguales.

Demostración

Consideremos minimizar $\widehat{V}\left(\widehat{Y}_{st}\right) = \sum\limits_{h=1}^{L}\sum\limits_{k=1}^{n_h}\sum\limits_{j=1}^{m_{ih}} w_{ijh}^2 S_{ih}^2 \left(1 + c\frac{m_{ih}}{M_{ih}}\right),$

teniendo en cuenta la condición de insesgamiento $\sum\limits_{i=1}^{n_h}\sum\limits_{j=1}^{m_{ih}} w_{ijh} = M_h$; *para ello, se utilizan los multiplicadores de Lagrange, y se define la función*

$V_L\left(w_{1h}, w_{2h}, \cdots, w_{nth}\right)\left(\widehat{Y}_{st}\right)$

$$V_L = \sum_{h=1}^{L}\sum_{i=1}^{n_h}\sum_{j=1}^{m_{ih}} w_{ijh}^2 S_{ih}^2\left(1 + c\frac{m_{ih}}{M_{ih}}\right) - \lambda_h\left(\sum_{i=1}^{n_h}\sum_{j=1}^{m_{ih}} w_{ijh} - M_h\right)$$

Derivando parcialmente V_L, *respecto a* w_{ijh} *y* λ_h *se tiene*

$$\frac{\partial V_L}{\partial w_{ijh}} = 2w_{ijh}S_h^2(1 + cf_{ih}) - \lambda_h$$

$$\frac{\partial V_L}{\partial \lambda_h} = M_h - \sum_{i=1}^{n_h}\sum_{j=1}^{m_{ih}} w_{ijh}$$

Igualando a cero, y resolviendo simultaneamente se tiene $w_{ijh} = \frac{M_h}{n_h m_{ih}}$. *Esta solución corresponde a la varianza minima posible del estimador obtenida como*

$\widehat{V}\left(\widehat{Y}_{st}\right) = \sum\limits_{h=1}^{L}\sum\limits_{i=1}^{n_h} \frac{M_h^2}{n_h^2 m_{ih}} S_{ih}^2\left(1 + c\frac{m_{ih}}{M_{ih}}\right),$ *cuando se toman pesos fijos dentro del mismo estrato, a manera de promedio simple.*

El criterio de la segunda derivada muestra que la matriz Hessiana tiene determinante positivo para cada orden y de acuerdo con el criterio existe un minimo para la varianza cuando $w_{ijh} = \frac{M_h}{n_h m_{ih}}$.

En el muestreo con variable auxiliar el uso de un peso fijo para cada muestra, pero que varía de muestra a muestra provoca aun una varianza mas baja debido a que para correlaciones superiores a 0.5 entre las variables aleatorias respuesta y auxiliar, el estimador de razón presenta una mayor eficiencia, radicando esta diferencia en la varianza residual, resultado demostrado por Cochran y bajo el supuesto de linealidad por el origen.

Tambien, se puede dar el caso en que $\sum\limits_{i=1}^{n_h}\sum\limits_{j=1}^{m_{ih}} w_{ijh} = M_h$, *lo cual da el principio de equilibrio que cumplen todos los estimadores presentados en este libro, excepto el estimador de expansión simple, que en las muestras generalmente es desequilibrado.*

3.4.4. Estimadores Polietápicos

Existen dos estimadores bivariables en muestreo multietápicos, esto es, por muestreo con variable auxiliar; el primero de ellos es el estimador de pesos desiguales bajo muestreo pps del método de Sampford, que se caracteriza por ser insesgado y de mínima varianza. La versión presentada trata del uso de información elemental auxiliar; además está el método de pesos iguales bajo muestreo aleatorio simple, que también cumple los requisitos de un buen estimador similar al de Sampford. Estos métodos no compiten entre sí y tampoco se aplican para una misma muestra ya que corresponden a dos diseños diferentes; entonces, si la muestra se elige con pesos bajo el método acumulativo de Lahiri se usa el método de Sampford; pero, si la muestra es aleatoria simple, se debe usar el estimador de razón, que en el artículo mencionado en [9] existe una forma de transformarlo en un estimador insesgado tomando la primera unidad con pesos desiguales y las restantes en forma aleatoria. Este último se trata de un método híbrido, que proporciona un tratamiento diferente de los otros, pero, que puede originar los mismos resultados.

Método de Sampford

El método de Sampford es el método de Hortvitz Thompson con pesos iguales a una variable de tamaño, bien sea una variable auxiliar proporcional a la variable de estudio o de otro modo una variable asociada a la cantidad de elementos o tamaño de conglomerados. Si se quiere dar mayor importancia en el muestreo a las unidades de mayor tamaño es conveniente usar una variable auxiliar correlacionada con la variable principal del estudio. Para este caso, se tiene la misma estructura presentada en la sección anterior para pesos variables de muestreo bietápico. En el caso de usar el tamaño de conglomerado no hace falta comprobar el supuesto de linealidad por el origen debido a que la expansión del promedio siempre estará correlacionada con el tamaño por propiedades del producto. Bajo muestreo sin reemplazo en todas las etapas, se puede definir

$$\widehat{Y}_\pi = \sum_{i=1}^{n} \sum_{j=1}^{m_i} w_{ij} y_{ij}$$

donde $w_{ij} = \frac{\tau_x}{n m_i x_{ij}}$ *proporciona los pesos que se deben suministrar al software, y como había mencionado son diferentes para cada unidad, ya que se toman índices diferentes para cada una de las unidades elementales. De este modo, la expresión se convierte en un estimador de razón promedio, cuyas unidades se toman con pesos desiguales como se mencionó anteriormente.*

La varianza de este diseño sin reemplazo, es

$$V(\widehat{Y}_\pi) = \tau_x^2 \left(1 - \frac{n}{N}\right) \frac{V\left(\frac{\overline{y}_i}{\overline{x}_i}\right)}{n} + \sum_{i=1}^{n} \frac{\tau_x^2}{n^2 m_i} \left(1 - \frac{m_i}{M_i}\right) \frac{\sum\limits_{j=1}^{m_i} \left(\frac{y_{ij}}{x_{ij}} - \overline{R}_i\right)^2}{m_i - 1}$$

En caso de elegir las unidades con reemplazo bajo distribución binomial se utiliza el esquema de Hansen-Hurwitz, que tiene un tratamiento similar pero su varianza corresponde a

$$V(\widehat{Y}_\pi) = \tau_x^2 \frac{V\left(\frac{\overline{y}_i}{\overline{x}_i}\right)}{n} + \sum_{i=1}^{n} \frac{\tau_x^2}{n^2 m_i} \frac{\sum\limits_{j=1}^{m_i} \left(\frac{y_{ij}}{x_{ij}} - \overline{R}_i\right)^2}{m_i - 1}$$

En ambos casos se requiere que para cada valor elemental de la respuesta exista un valor elemental de la variable auxiliar.

Método usado por Graunt y Laplace

Graunt usó el método tradicional de razón para estimar la población inglesa al igual que Laplace para estimar la población francesa. Ambos de manera independiente utilizaron estimadores de razón, pero, el segundo lo hizo bajo los procedimientos de muestreo y teniendo un control del error. Bajo muestreo aleatorio simple se define el estimador de razón usando pesos fijos dentro de la muestra, pero que natualmente pueden variar de una muestra a otra muestra.

El estimador de razón Simple se trata de un estimador casi insesgado y en esta forma de muestreo se define como

$$\widehat{Y_r} = \sum_{i=1}^{n} \sum_{j=1}^{m_i} w_{ij} y_{ij}$$

donde $w_{ij} = \frac{\tau_x}{nm_i \overline{x}_i}$, donde $\overline{x}_i$ se define como el promedio simple de los valores elementales de la variable aleatoria auxiliar perteneciente al conglomerado i y la fórmula proporciona los pesos fijos que se deben suministrar al software. De este modo, la expresión se convierte en un estimador de razón, cuyas unidades se toman con pesos iguales como se mencionó anteriormente.

La varianza de este diseño, sin reemplazo, retirando la unidad seleccionada de la urna es bajo distribución base hipergeométrica

$$V(\widehat{Y_r}) = \tau_x^2 \left(1 - \frac{n}{N}\right) \frac{V\left(\frac{\overline{y}_i}{\overline{x}_i}\right)}{n} + \sum_{i=1}^{n} \frac{\tau_x^2}{n^2 m_i \overline{x}_i^2} \left(1 - \frac{m_i}{M_i}\right) \frac{\sum_{j=1}^{m_i} \left(y_{ij} - \overline{R}_i x_{ij}\right)^2}{m_i - 1}$$

En caso de elegir las unidades con reemplazo bajo distribución binomial se utiliza el esquema de Hansen-Hurwitz, que tiene un tratamiento similar pero su varianza corresponde a

$$V(\widehat{Y_r}) = \tau_x^2 \frac{V\left(\frac{\overline{y}_i}{\overline{x}_i}\right)}{n} + \sum_{i=1}^{n} \frac{\tau_x^2}{n^2 m_i \overline{x}_i^2} \frac{\sum_{j=1}^{m_i} \left(y_{ij} - \overline{R}_i x_{ij}\right)^2}{m_i - 1}$$

En ambos casos todas las unidades elementales distribuidas en las diferentes agrupaciones se reunen en una misma muestra.

Al tomar una única varianza se supone que todos los agrupamientos tienen además de media única, igual varianza o varianza común; en caso contrario, cada grupo elemental debe aportar su propia varianza.

Ejemplo 3.4 En la zona metropolitana dividida en 5 barrios, de una gran ciudad, se realizó un estudio de los gastos familiares en servicios públicos, en miles de pesos. Para ello, se propone el estudio de las variables pareadas: Gasto mensual en servicio de agua (x) y Gasto mensual en servicio eléctrico (y), y se estudia una muestra sin reemplazo en dos etapas.

El siguiente código, permite encontrar los resultados:

i	M_i	m_i	$\overline{x}_i$	S^2_{xi}	$\overline{y}_i$	S^2_{yi}	S_{xyi}
1	*125*	*5*	*386.65*	*398.43*	*198.73*	*155.93*	*148.43*
2	*145*	*6*	*398.78*	*435.54*	*165.89*	*182.46*	*223.56*
3	*134*	*4*	*356.89*	*376.34*	*158.23*	*165.47*	*199.82*

Este es el código R studio para los estimadores, en presencia de conglomerados con medias distintas.

$M_i = c(125, 145, 134)$

$m_i = c(5, 6, 4)$

$\overline{x}_i = c(386,65; 398,78; 356,89)$

$s^2_{ix} = c(398,43; 435,54; 376,34)$

$\overline{y}_i = c(198,73; 165,89; 158,23)$

$s^2_{iy} = c(155,93; 182,46; 165,47)$

$s_{xyi} = c(148,43; 223,56; 199,82)$

$\mu_x = 380;\ N = 5;\ n = 3;\ i = 1:n$

$\overline{y}_r = sum(\overline{y}_i)/sum(\overline{x}_i) * \mu_x$

$v_{yrbar} = \mu_x^2 * var(c(\overline{y}_i[i]/\overline{x}_i[i])) * (1 - n/N)/n$

$+1/n^2 * sum((M_i - m_i)/M_i * (s^2_{iy} - 2 * sum(\overline{y}_i)/sum(\overline{x}_i) * s_{xyi} + (sum(\overline{y}_i)/sum(\overline{x}_i))^2 * s^2_{ix})/m_i)$

$c(\overline{y}_r, v_{yrbar})$

$c(173,9294; 54,3044)$

$\overline{y}_{lri} = \overline{y}_i - s_{xyi}/s^2_{ix} * (\overline{x}_i - \mu_x)$

$\overline{y}_{lr} = sum(\overline{y}_{lri})/n$

$v_{ylrbar} = var(c(\overline{y}_{lri}[i])) * (1 - n/N)/n$

$+ 1/n^2 * sum((M_i - m_i)/M_i * (s^2_{iy} - 2 * s_{xyi}/s^2_{ix} * s_{xyi} + (s_{xyi}/s^2_{ix})^2 * s^2_{ix})/m_i)$

$c(\overline{y}_{lr}, v_{ylrbar})$

$c(174,3345; 59,75832)$

$\overline{y}_{lri} = \overline{y}_i$

$\overline{y}_{lr} = sum(\overline{y}_{lri})/n$

$v_{ylrbar} = var(c(\overline{y}_{lri}[i])) * (1 - n/N)/n$
$+ 1/n^2 * sum((M_i - m_i)/M_i * s_{iy}^2/m_i)$

$c(\overline{y}_{lr}, v_{ylrbar})$

$c(174{,}2833; 72{,}74457)$

Los tres estimadores son equilibrados, pero, el estimador de regresión presenta menor varianza, y el estimador de razón una varianza similar al método de regresión.

Las estimaciones de regresión dan sesgo y mayor varianza al ser un modelo de proporción directa entre las variables. En este caso, la varianza estimada con el formato tradicional es imprecisa.

*Ejemplo **3.5** Suponga que se estudia una muestra sin reemplazo en dos etapas, tal que en la primera etapa se muestrean 5 barrios de la localidad metropolitana. En este muestreo no interesa conocer el total de barrios N (para este caso es 265), ya que se desea estimar la media de gastos en servicio de acueducto (variable respuesta en miles de pesos) usando la información auxiliar de gastos medios de 380 mil pesos en servicio de luz. Utilice estimaciones de promedio elemental, media de razón simple y media de regresión.*

Barrio	M_i	m_i	$\overline{y}_s$	$\overline{x}_s$	s_x^2	s_y^2	s_{xy}
1	132	40	178.31	383.06	486.85	373.94	377.22
2	136	41	170.14	375.36	512.68	409.39	416.76
3	134	39	162.82	369.67	490.58	270.12	318.41
4	139	39	173.64	377.15	510.27	391.60	397.93
5	137	38	172.37	378.50	404.52	225.66	240.26

Con ayuda de estos insumos, se tiene

$\overline{y}_e = \sum_{i=1}^{n} \overline{y}_{si}/n$

$v\left(\overline{y}_e\right) = var\left(\overline{y}_s\right) * \left(1 - \frac{n}{N}\right)/n + 1/n^2 * \sum_{i=1}^{n} \frac{M_i - m_i}{M_i} * s_{yi}^2/m_i$

$c\left(\overline{y}_e, v\left(\overline{y}_e\right)\right)$

$c\,(171{,}46;\,7{,}52)$

$$\overline{y}_r = \frac{\sum\limits_{i=1}^{n} \overline{y}_{si}}{\sum\limits_{i=1}^{n} \overline{x}_{si}} * \mu_x$$

$$v\,(\overline{y}_r) = \mu_x^2 * var\left(\frac{\overline{y}_{si}}{\overline{x}_{si}}\right) * (1 - n/N)/n$$

$$+\frac{1}{n^2} * \sum_{i=1}^{n} \frac{(M_i - m_i)}{M_i} * \left(s_{yi}^2 - 2 * \frac{\sum\limits_{i=1}^{n} \overline{y}_{si}}{\sum\limits_{i=1}^{n} \overline{x}_{si}} * s_{xy} + \left(\frac{\sum\limits_{i=1}^{n} \overline{y}_{si}}{\sum\limits_{i=1}^{n} \overline{x}_{si}} \right)^2 * s_{xi}^2 \right) / m_i$$

$c\,(\overline{y}_r, v\,(\overline{y}_r))$

$c\,(172{,}93;\,2{,}92)$

$$\overline{y}_{lri} = \overline{y}_{si} - \frac{s_{xyi}}{s_{xi}^2} * (\overline{x}_{si} - \mu_x)$$

$$\overline{y}_{lr} = \sum_{i=1}^{n} \overline{y}_{lri}/n$$

$$v\,(\overline{y}_{lr}) = var\,(\overline{y}_{lri}) * \left(1 - \frac{n}{N}\right)/n$$

$$+\frac{1}{n^2} * \sum_{i=1}^{n} \frac{(M_i - m_i)}{M_i} * \left(s_{yi}^2 - 2 * \beta_i * s_{xyi} + \beta_i^2 * s_{xi}^2 \right) / m_i$$

$c\,(\overline{y}_{lr}, v\,(\overline{y}_{lr}))$

$c\,(173{,}69;\,1{,}62)$

Las tres estimaciones son precisas, pero la estimación de regresión se acerca mas al objetivo.

3.5. M.A.S. Estratificado

Esta sección trata de los estimadores bivariables o con variable auxiliar en el caso de estratos.

3.5.1. Estimadores por Estratos

Existen dos estimadores bivariables por estrato en dos etapas que se basan en calcular estimaciones independientes en cada estrato, bajo el supuesto que los estratos están perfectamente definidos con las propiedades señaladas; el primero de ellos es el estimador de razón promedio separada, que es de pesos desiguales bajo muestreo pps del método de Sampford en cada estrato, que se caracteriza por ser insesgado y de mínima varianza; además está el método

*de pesos iguales bajo muestreo aleatorio simple por estrato, que
también cumple los requisitos de un buen estimador similar al de
Sampford.*

Método de Sampford

*El método de Sampford es el método de Hortvitz Thompson con
pesos iguales a una variable de tamaño, bien sea una variable
auxiliar proporcional a la variable de estudio o de otro modo una
variable asociada a la cantidad de elementos o tamaño de conglomerados. Para este caso, se tiene la misma estructura presentada
en el capítulo anterior para pesos constantes sólo que en este caso
los pesos de las unidades elementrales son proporcionales a la
variable respuesta dentro de cada estrato y se toman mediante
la variable auxiliar fuertemente correlacionada con la variable de
estudio. En el caso de usar el tamaño de conglomerado no hace
falta comprobar el supuesto de linealidad por el origen debido a
que la expansión del promedio siempre estará correlacionada con el
tamaño por propiedades del producto. Bajo muestreo sin reemplazo
estratificado en las dos etapas, se puede definir*

$$\widehat{Y}_{\pi h} = \sum_{i=1}^{n_h} \sum_{j=1}^{m_{ih}} w_{ijh} y_{ijh}$$

*donde $w_{ijh} = \frac{\tau_{xh}}{n_h m_{ih} x_{ijh}}$ proporciona los pesos que se deben suminis-
trar al software, y com había mencionado son diferentes para cada
unidad. De este modo, la expresión se convierte en un estimador
de razón promedio, cuyas unidades se toman con pesos desiguales
como se mencionó anteriormente.*

$$\widehat{Y}_{\pi s} = \sum_{h=1}^{L} \widehat{Y}_{\pi h}$$

La varianza de este diseño, sin reemplazo, es

$$V(\widehat{Y}_{\pi s}) = \sum_{h=1}^{L} \left(\tau_{xh}^2 \left(1 - \frac{n_h}{N_h} \right) \frac{V\left(\frac{\bar{y}_{ih}}{\bar{x}_{ih}} \right)}{n_h} \right.$$

$$+ \sum_{i=1}^{n_h} \frac{\tau_{xh}^2}{n_h^2 m_{ih}} \left(1 - \frac{m_{ih}}{M_{ih}}\right) \frac{\sum_{j=1}^{m_{ih}} \left(\frac{y_{ijh}}{x_{ijh}} - \overline{R}_{ih}\right)^2}{m_{ih}-1})$$

En caso de elegir las unidades con reemplazo bajo distribución binomial se utiliza el esquema de Hansen-Hurwitz, que tiene un tratamiento similar pero su varianza corresponde a

$$V(\widehat{Y}_{\pi s}) = \sum_{h=1}^{L} \left(\tau_{xh}^2 \frac{V\left(\frac{\overline{y}_{ih}}{\overline{x}_{ih}}\right)}{n_h} + \sum_{i=1}^{n_h} \frac{\tau_{xh}^2}{n_h^2 m_{ih}} \frac{\sum_{j=1}^{m_{ih}} \left(\frac{y_{ijh}}{x_{ijh}} - \overline{R}_{ih}\right)^2}{m_{ih} - 1} \right)$$

En ambos casos se requiere que para cada valor elemental de la respuesta exista un valor elemental de la variable auxiliar en cada estrato.

Método estimador de razón separado

El estimador de razón Simple separado se trata de un estimador casi insesgado y en esta forma de muestreo se define como

$$\widehat{Y}_{rs} = \sum_{h=1}^{L} \sum_{i=1}^{n_h} \sum_{j=1}^{m_{ih}} w_{ijh} y_{ijh}$$

donde $w_{ijh} = \frac{\tau_{xh}}{n_h m_{ih} \overline{x}_{ih}}$, donde $\overline{x}_{ih}$ se define como el promedio simple de los valores elementales de la variable aleatoria auxiliar dentro del conglomerado i en el estrato h y la fórmula proporciona los pesos fijos que se deben suministrar al software. De este modo, la expresión se convierte en un estimador de razón separado, cuyas unidades se toman con pesos iguales como se mencionó anteriormente.

La varianza de este diseño, sin reemplazo, retirando la unidad seleccionada de la urna es bajo distribución base hipergeométrica

$$V(\widehat{Y}_{rs}) = \sum_{h=1}^{L} \left(\tau_{xh}^2 \left(1 - \frac{n_h}{N_h}\right) \frac{V\left(\frac{\overline{y}_{ih}}{\overline{x}_{ih}}\right)}{n_h} \right.$$

$$+ \sum_{i=1}^{n_h} \frac{\tau_{xh}^2}{n_h^2 m_{ih} \overline{x}_{ih}^2} \left(1 - \frac{m_{ih}}{M_{ih}}\right) \frac{\sum_{j=1}^{m_{ih}} \left(y_{ijh} - \overline{R}_{ih} x_{ijh}\right)^2}{m_{ih}-1})$$

En caso de elegir las unidades con reemplazo bajo distribución binomial se utiliza el esquema de Hansen-Hurwitz, que tiene un tratamiento similar pero su varianza corresponde a

$$V(\widehat{Y}_{rs}) = \sum_{h=1}^{L} \left(\tau_{xh}^2 \frac{V\left(\frac{\overline{y}_{ih}}{\overline{x}_{ih}}\right)}{n_h} + \sum_{i=1}^{n_h} \frac{\tau_{xh}^2}{n_h^2 m_{ih}\overline{x}_{ih}^2} \frac{\sum\limits_{j=1}^{m_{ih}} \left(y_{ijh} - \overline{R}_{ih}x_{ijh}\right)^2}{m_{ih} - 1} \right)$$

En ambos casos se requiere que para cada valor elemental de la respuesta exista un valor elemental de la variable auxiliar dentro de cada estrato.

3.5.2. Polietápico por Estratos

Existen dos estimadores bivariables por estrato en más de dos etapas que se basan en calcular estimaciones independientes en cada estrato, bajo el supuesto que los estratos están perfectamente definidos con las propiedades señaladas; el primero de ellos es el estimador de razón promedio separada, que es de pesos desiguales bajo muestreo pps del método de Sampford en cada estrato, que se caracteriza por ser insesgado y de mínima varianza; además está el método de pesos iguales bajo muestreo aleatorio simple por estrato, que también cumple los requisitos de un buen estimador similar al de Sampford.

Método de Sampford

El método de Sampford es el método de Hortvitz Thompson con pesos iguales a una variable de tamaño, bien sea una variable auxiliar proporcional a la variable de estudio o de otro modo una variable asociada a la cantidad de elementos o tamaño de conglomerados. Para este caso, se tiene la misma estructura presentada en el capítulo anterior para pesos constantes sólo que en este caso los pesos de las unidades elementrales son proporcionales a la variable respuesta dentro de cada estrato y se toman mediante la variable auxiliar fuertemente correlacionada con la variable de

                                          J. Tilano

estudio. En el caso de usar el tamaño de conglomerado no hace falta comprobar el supuesto de linealidad por el origen debido a que la expansión del promedio siempre estará correlacionada con el tamaño por propiedades del producto. Bajo muestreo sin reemplazo estratificado en las dos etapas, se puede definir

$$\widehat{Y}_{\pi h} = \sum_{i=1}^{n_{1h}} w_{ijh} y_{ijh}$$

donde $w_{ijh} = \frac{\tau_{xh}}{n_{1h} m_{ih} x_{ijh}}$ *proporciona los pesos que se deben suministrar al software, y com había mencionado son diferentes para cada unidad. De este modo, la expresión se convierte en un estimador de razón promedio, cuyas unidades se toman con pesos desiguales como se mencionó anteriormente.*

$$\widehat{Y}_{\pi s} = \sum_{h=1}^{L} \widehat{Y}_{\pi h}$$

La varianza de este diseño, sin reemplazo, es

$$V(\widehat{Y}_{\pi s}) = \sum_{h=1}^{L} \sum_{i=1}^{n_{1h}} \left(\tau_{xh}^2 \left(1 - \frac{n_{1h}}{N_{1h}} \right) \frac{V\left(\frac{\overline{y}_{ih}}{\overline{x}_{ih}}\right)}{n_{1h}^2} \right.$$

$$\left. + \frac{\tau_{xh}^2}{n_{1h}^2 m_{ih}} \left(1 - \frac{m_{ih}}{M_{ih}} \right) \frac{\sum_{j=1}^{m_{ih}} \left(\frac{y_{ijh}}{x_{ijh}} - \overline{R}_{ih} \right)^2}{m_{ih} - 1} \right)$$

En caso de elegir las unidades con reemplazo bajo distribución binomial se utiliza el esquema de Hansen-Hurwitz, que tiene un tratamiento similar pero su varianza corresponde a

$$V(\widehat{Y}_{\pi s}) = \sum_{h=1}^{L} \sum_{i=1}^{n_{1h}} \left(\tau_{xh}^2 \frac{V\left(\frac{\overline{y}_{ih}}{\overline{x}_{ih}}\right)}{n_{1h}^2} + \frac{\tau_{xh}^2}{n_{1h}^2 m_{ih}} \frac{\sum_{j=1}^{m_{ih}} \left(\frac{y_{ijh}}{x_{ijh}} - \overline{R}_{ih} \right)^2}{m_{ih} - 1} \right)$$

En ambos casos se requiere que para cada valor elemental de la respuesta exista un valor elemental de la variable auxiliar en cada estrato. La diferencia con el bietápico es que se originan n_{1h} *conglomerados elementales en lugar de* n_h.

Método estimador de razón separado

El estimador de razón Simple separado se trata de un estimador casi insesgado y en esta forma de muestreo se define como

$$\widehat{Y}_{rs} = \sum_{h=1}^{L} \sum_{i=1}^{n_{1h}} \sum_{j=1}^{m_{ih}} w_{ijh} y_{ijh}$$

donde $w_{ijh} = \frac{\tau_{xh}}{n_{1h} m_{ih} \overline{x}_{ih}}$, *donde* $\overline{x}_{ih}$ *se define como el promedio simple de los valores elementales de la variable aleatoria auxiliar en el conglomerado elemental i dentro del estrato h y la fórmula proporciona los pesos fijos que se deben suministrar al software. De este modo, la expresión se convierte en un estimador de razón separado, cuyas unidades se toman con pesos iguales como se mencionó anteriormente.*

La varianza de este diseño, sin reemplazo, retirando la unidad seleccionada de la urna es bajo distribución base hipergeométrica

$$V(\widehat{Y}_{rs}) = \sum_{h=1}^{L} \sum_{i=1}^{n_{1h}} \left(\tau_{xh}^2 \left(1 - \frac{n_{1h}}{N_{1h}}\right) \frac{V\left(\frac{\overline{y}_{ih}}{\overline{x}_{ih}}\right)}{n_{1h}^2} \right.$$

$$\left. + \frac{\tau_{xh}^2}{n_{1h}^2 m_{ih} \overline{x}_{ih}^2} \left(1 - \frac{m_{ih}}{M_{ih}}\right) \frac{\sum_{j=1}^{m_{ih}} \left(y_{ijh} - \overline{R}_{ih} x_{ijh}\right)^2}{m_{ih}-1} \right)$$

En caso de elegir las unidades con reemplazo bajo distribución binomial se utiliza el esquema de Hansen-Hurwitz, que tiene un tratamiento similar pero su varianza corresponde a

$$V(\widehat{Y}_{rs}) = \sum_{h=1}^{L} \left(\tau_{xh}^2 \frac{V\left(\frac{\overline{y}_{ih}}{\overline{x}_{ih}}\right)}{n_{1h}} + \sum_{i=1}^{n_{1h}} \frac{\tau_{xh}^2}{n_{1h}^2 m_{ih} \overline{x}_{ih}^2} \frac{\sum_{j=1}^{m_{ih}} \left(y_{ijh} - \overline{R}_{ih} x_{ijh}\right)^2}{m_{ih} - 1} \right)$$

En ambos casos se requiere que para cada valor elemental de la respuesta exista un valor elemental de la variable auxiliar dentro de cada estrato. Nuevamente, el valor n_{1h} *representa el número de conglomerados elementales en el estrato h.*

3.6. Problemas

1. *Una gran empresa posee una cadena de 450 tiendas en el primer estrato, para el cual se desean realizar estimaciones del promedio de las cuentas por cobrar de sus clientes basándose en el total comprado por el cliente. De estudios previos se sabe que el total comprado por cliente es $\tau_x = 485623$ se tomó una muestra aleatoria de 8 tiendas, proporcionando la información siguiente. Ambas variables en miles de pesos.*

TIENDA	M_i	m_i	T. C C. C	1	2	3	4	5
1	230	5	x	720	670	980	400	650
1	230	5	y	25	22	40	12	18
2	250	5	x	810	930	540	250	1200
2	250	5	y	27	37	15	7	39
3	270	4	x	650	1360	1270	2100	
3	270	4	y	19	40	40	72	
4	260	5	x	420	1050	520	1900	690
4	260	5	y	21	32	25	85	30
5	320	5	x	130	1740	430	880	1750
5	320	5	y	5	73	13	45	80
6	240	4	x	580	2140	1020	980	
6	240	4	y	19	90	47	43	
7	275	5	x	420	680	380	1100	430
7	275	5	y	15	30	18	45	14
8	300	5	x	350	760	560	550	300
8	300	5	y	17	32	23	22	12

Realice la estimación aplicando estimadores de razón, regresión, y razón ponderada con la variable auxiliar. Evalúe si los datos cumplen los supuestos de linealidad por el orígen y los residuos se distribuyen normalmente. Con base a esto, construya los intervalos de confianza al 95 % para cada estimador.

2. *Se desea estudiar la producción de maíz en América latina. Para ellos, se dispone de información adicional de la producción de trigo con un total de $288,10 \times 10^6$ hectáreas. Se extrajo la información de 9 países de un total de 20; divididos por regiones, las regiones divididas por pueblos y los pueblos por zonas (muestreo en etapas).*

   Estime la producción total de maíz en América latina, la producción promedio por país, la producción promedio por región, la producción promedio por pueblo y la producción promedio por zona empleando estimadores de expansión simple, estimadores de razón, estimadores de regresión y estimadores de razón promedio. Construya intervalos de confianza al 95 % asumiendo que se puede aplicar la distribución t-Student.

   Además, $M = 220$, $M^* = 95,000$, $M^{**} = 4,542,000$ son los números de regiones, pueblos y zonas, respectivamente, en América latina.

   Por expansión simple, aplicando MAS
   $\widehat{T} = 336{,}567{,}238$ hectáreas. Además, $\widehat{V}(\widehat{T}) = 7,45 \times 10^{15}$.
   Por el estimador de razón, se tiene $\widehat{T}_r = 239{,}735{,}683$. Con ello, $\widehat{V}(\widehat{T}_r) = 3,8243 \times 10^{12}$.
   Para el estimador de regresión se tiene:

   $$\widehat{T}_{lr} = 239{,}688{,}619; \quad \widehat{V}(\widehat{T}_{lr}) = 3,46396 \times 10^{12}$$

   Por el estimador de razón promedio $\widehat{T}_{rp} = 239{,}573{,}145$. Con ello, $\widehat{V}(\widehat{T}_{rp}) = 3,9131 \times 10^{12}$

3. *Con los datos del problema 1, estime el tamaño de muestra en cada etapa y grupo suponiendo un error absoluto del 5 % de la media y una confianza del 95 %. Use el estimador de razón.*

4. *En la muestra de localidades sobre la venta de fincas raíces. Los datos forman una cadena de 100 municipios y se desea*

estudiar el precio promedio, en millones de pesos, y el precio total de todas las fincas para lo cual se toma una muestra de 5 ciudades y para cada ciudad se toma una muestra de 5 fincas en venta. El número promedio de fincas en los municipios es $46,50$ (en la muestra se incluyeron las 5 de mayor tamaño). Se agrega la información adicional del área en m^2 con un promedio de 5000 m^2. Aunque las variables no cumplen con una relación lineal, el investigador quiere usar las estimaciones con variables auxiliares. A continuación aparecen los datos:

Ciudad	M_i	m_i	*y, precio* *x, área*	*y, precio* *x, área*	*y, precio* *x, área*	*y, precio* *x, área*
La Cosecha	*98*	*4*	*220* *1800*	*2500* *27500*	*1600* *2350*	*1250* *13500*
El parque	*84*	*4*	*450* *600*	*760* *300*	*160* *200*	*355* *455*
La Sonrisa	*81*	*4*	*2200* *2200*	*2600* *5000*	*3000* *2500*	*2000* *11000*
Las Palmas	*74*	*4*	*3800* *420*	*450* *4200*	*750* *250*	*1200* *400*
El Guamo	*69*	*4*	*1300* *7000*	*950* *6400*	*800* *8300*	*2800* *2175*

Estime el promedio de los precios de las fincas por ciudad y por unidad, usando el estimador de razón ponderada. Construya en cada caso el intervalo de confianza al 95 %.

5. *Estime la cantidad total en miles de pesos de los precios de las fincas inscritas con los datos del problema 4. Construya un intervalo de confianza al 95 %*

6. *Usando los datos del problema 4, estime el promedio de los precios por finca usando los estimadores de razón ponderada, el estimador de regresión y el estimador de la razón promedio ajustado. Establezca para cada uno de estos estimadores el límite en el error de estimación.*

7. *Con los datos del problema 4 estime el número de conglomerados que se deben seleccionar de la población para cometer un error relativo del 5% en la estimación de la media. Use el mejor de los estimadores con variables auxiliares.*

8. *Brinde algunos argumentos que le permitan decidir si conviene, en este caso particular, rechazar las estimaciones realizadas con dos variables. Explique si se pueden utilizar estas estimaciones ante la violación del supuesto de linealidad.*

9. *En un estudio se hizo el análisis de 3 estratos en un muestreo por etapas. Las cantidades de unidades elemetales son*
$M_1 = 3298$, $M_2 = 5712$ y $M_3 = 8431$
Se desea aplicar estimaciones separadas, donde se encontró lo siguiente

Estrato	total estimado	error estándar
I	32132	1234
II	56943	3123
III	87934	5981

Construya intervalos de confianza para los totales y promedios por estrato para las distintas estimaciones allí presentadas, usando la distribución normal.

10. *Para el ejemplo de 3 líneas de producción se obtuvo la siguiente tabla resumen sobre el recaudo total en un periodo de 10 años: El procedimiento es el siguiente: se muestrean 3 de los 10*

Cuadro 3.1: Resumen de las estimaciones

Estimador	Total estimado	Error estándar
Expansión simple	6.956.950	562468,046
Razón separada	6.333.608,52	253836,687
Razón combinada	6.341.116,08	357748,6241
Regresión separada	6.264.417,56	190224,919
Regresión combinada	6.313.270,90	222502,2165

años en la primera etapa; luego, se muestrean 2 meses en la segunda etapa, seguidamente se muestrean 2 días en la tercera *etapa; y luego, al final, se registran los recaudos diarios en aquella ciudad. Usando la distribución apropiada, construya el intervalo de confianza para cada uno de los métodos y comente al respecto. Use un intervalo con la t de student con grados de libertad iguales a $v = \frac{2(n_t - L)}{5}$ en el caso de estratos y en el caso elemental tome $L = 1$.*

11. *Se tomó una muestra con probabilidades proporcionales a los tamaños sin reemplazo y sin orden de 4 ciudades por estrato y luego, en cada ciudad se tomó una muestra sin reemplazamiento de 5 casas en venta, de esta forma se produce un diseño equiprobabilístico. Al medir la variable principal del estudio el precio en millones de pesos y la variable auxiliar el área de la casa en m^2 se obtuvieron los datos adicionales: $\mu_x = 337,88m^2$, el total de casas en venta 18794 repartidas en un total de 100 ciudades por estrato: $M_1 = 648$, $\mu_{1x} = 80$; $M_2 = 7398$, $\mu_{2x} = 160$; $M_3 = 10508$, $\mu_{3x} = 270$. El estrato 1 corresponde a casas con 1 o 2 habitaciones, el estrato 2 son casas con 3 habitaciones y el estrato 3 casas con más de 3 habitaciones. A continuación aparecen los datos*

Estrato	Ciudad	M_i						
1	A	25	x	96	83	90	112	216
1			y	100	330	420	140	215
1	B	222	x	68	85	48	71	72
1			y	160	210	98	188	100
1	C	123	x	84	51	83	88	90
1			y	60	85	75	140	85
1	D	37	x	87	59	98	150	85
1			y	230	130	200	350	235
2	E	153	x	90	140	160	207	160
2			y	160	150	165	420	197
2	F	697	x	180	253	149	128	162
2			y	110	400	165	200	250
2	G	193	x	2375	151	1482	400	3000
2			y	1500	731	1000	260	500
2	H	103	x	95	138	83	140	129
2			y	350	410	145	380	340
3	I	4890	x	318	700	247	405	476
3			y	1250	720	600	550	2600
3	J	229	x	327	684	1143	2000	376
3			y	750	1300	1650	7500	880
3	K	178	x	800	137	1000	212	500
3			y	3800	115	2000	950	1800
3	L	46	x	154	102	88	84	340
3			y	239	396	125	128	415

Estime para estos datos el precio promedio de una casa y el precio total sin tener en cuenta la variable auxiliar y aplicando estimadores de expansión elemental con estimadores de razón. Establezca el error y construya intervalos de confianza al 95 %.

J. Tilano

Capítulo 4

Urnas

En este capítulo expongo 5 secciones: el tamaño muestral para los diferentes modelos de urna; el muestreo exhaustivo en diseños y métodos; el formato de los criterios de afijación bajo muestreo elemental y afines como aquí se presenta; los diferentes diseños generales de muestreo con sus distribuciones y aplicaciones en los que destacan formatos nuevos de estimadores con pesos desiguales; y finalmente, la presentación del estimador bietápico de expansión simple corregido.

4.1. Tamaño muestral

El tamaño muestral es uno de los pilares del diseño, debido a que el proceso tradicional es muy complicado cuando se tienen 3 o mas etapas.

4.1.1. Introducción

En general, resulta complicado estimar los tamaños de muestra porque el diseño involucra varias etapas y las estructuras tradicionales de las varianzas se han manipulado de la forma más complicada. Por esta razón, los tamaños muestrales tienen una forma inusual y con poca teoría disponible cuando se dispone de mas de 2 etapas.

Para estimar el tamaño de muestra en cada etapa se eligirá el metodo simulado con una muestra piloto, en el cual se miden los errores absolutos y relativos para valores distintos de los tamaños balanceados por etapas, que se van proponiendo secuencialmente hasta satisfacer el criterio del investigador. (Véase los Ejemplos).

4.1.2. Tamaño Simulado

Para poder simular el tamaño de muestra en cualquier número de etapas, sea estratificado o no; se requiere comprender la estructura de la varianza estimada, identificando los elementos modificables y aquellos que conducirán a una estructura fija o invariable.

Con ayuda de la muestra piloto, sea estratificada o no, se estiman: el total o promedio de interés, las varianzas elementales, la nueva varianza estimada del piloto para los valores propuestos, el error absoluto y relativo de la varianza simulada. Para disminuir el error se deben ir aumentando los tamaños por etapas, hasta satisfacer el criterio.

*Ejemplo **4.1** Una gran empresa posee una cadena de 180 tiendas en el primer estrato con un promedio de 200 clientes por tienda. Un investigador desea realizar estimaciones del promedio por cliente, del promedio por tienda y del total de las cuentas por cobrar (CC) de sus clientes basándose en el promedio elemental del total de sus compras (TC), en miles de pesos. De estudios previos se sabe que el promedio del total comprado por cliente es $\mu_x = 980$, y se tomó una muestra aleatoria piloto de 8 tiendas, proporcionando la información siguiente.*

Estime los tamaños de muestra para cada uno de los estimadores vistos con una confianza del 95 % y un error maximo relativo de

TIENDA	M_i	m_i	TC CC		2	3	4	5	6
1	150	5	x	520	700	1000	400	550	
1	150	5	y	25	32	40	15	17	
2	350	6	x	800	950	500	250	1200	1500
2	350	6	y	30	35	15	10	40	65
3	280	4	x	350	1350	1170	2200		
3	280	4	y	12	50	43	92		
4	260	5	x	140	1450	520	1900	690	
4	260	5	y	7	72	15	85	30	
5	300	6	x	130	1540	450	780	1850	1740
5	300	6	y	5	70	12	35	81	79
6	240	4	x	180	2340	1320	1250		
6	240	4	y	9	92	47	44		
7	275	5	x	140	1880	180	2100	130	
7	275	5	y	5	90	8	95	4	
8	300	5	x	150	1560	760	950	600	
8	300	5	y	7	72	33	42	24	

5 % para el mejor estimador.

Solución

Este piloto inicialmente presenta 8 tiendas, y el primer sondeo consiste en conservar las tiendas seleccionadas al azar, que son las 8 de la muestra. A continuación, se va modificando el número de clientes por tienda, que suele ser un único valor, esto es, se toma fijo el número de clientes a muestrear por tienda.

Con los datos, del piloto se estimó el total por uno de esos métodos similar a los otros por un valor de 1461297 pesos (ver ejemplo).

En la siguiente tabla, se presenta un cuadro de valores simulados. Como se dejó el número de tiendas de 8 este es un término fijo, pero, si se cambiara sólo se multiplicaria la varianza del estimador usada en el ejemplo del capitulo 1 por 8 y se divide entre el nuevo valor de n. Al cambiar m se afecta multiplicando por 5 que es el valor original y dividiendo por el nuevo valor, y se modifica el factor de corrección del muestreo sin reemplazo con el nuevo *valor de m. Estos cambios se hacen al tiempo para monitorear la varianza del estimador, el error estándar del estimador (que es la raíz cuadrada de la varianza), el error absoluto que es el puntaje normal $z = 1{,}96$ al 95% multiplicado por el error estándar, y finalmente el error relativo de la muestra que da dividiendo error absoluto entre el valor estimado del total (1461297) como se comentó.*

Metodo	n	m	*error absoluto*	*error relativo*
Expansión Elemental	*8*	*5*	*353686.3*	*24.2%*
Razón Univariable	*8*	*5*	*359134*	*24.6%*
Razón Bivariable	*8*	*5*	*91067*	*6.23%*
Regresión Bivariable	*8*	*5*	*2240*	*0.15%*
Expansión Elemental	*8*	*45*	*108714*	*7.44%*
Razón Univariable	*8*	*45*	*110621*	*7.57%*
Razón Bivariable	*8*	*45*	*27748*	*1.89%*
Regresión Bivariable	*8*	*45*	*680.91*	*0.046%*

Con el piloto, un total de 40 clientes, la estimación de regresión bivariable es muy eficiente.

Con 360 clientes, agregando 40 clientes más, al azar, a cada tienda (sin reemplazamiento), los métodos de razón bivariable y regresión bivariable dan error relativo inferior al 5%, estos son de mejor eficiencia y tienen un sesgo minimo.

Si se quiere puede comprobar que para 100 clientes en cada una de las 8 tiendas (esto es un total de 800 clientes) todos los estimadores anteriores dan error relativo inferior a 5%.

*Ejemplo **4.2** Con los resultados del ejemplo 1.5 se estimó el error relativo de cada estimador. Suponga que se quiere mantener el número de departamentos $n = 17$ y simular un error relativo inferior al 5%. Presente una tabla para el estimador de expansión elemental.*

Estimador	error estándar	error absoluto	error relativo
Expansión Simple	941353,3752	1845052,615	59 %
Exp S Estratificado	1217050,975	2385419,911	76 %
Razón Univariable	556976,524	1091673,987	35 %
Razón Separada	848532,2517	1663123,213	53 %
Expansión Elemental	366788,49	718905,4404	23 %
Exp E Estratificado	722260,4	1415630,384	45 %

Con ayuda de la tabla piloto del ejemplo 1.5, se toma una fracción de muestreo del 90 %, sin redondear los valores decimales, y manteniendo el número de departamentos por estrato, es decir, Región. La siguiente es la tabla, donde es sumamente sencillo cambiar m_i por $0,9M_i$, en el muestreo sin reemplazo. Esto resulta en lo sucesivo.

Estimador	error estándar	error absoluto	error relativo
Expansión Elemental	118644,4728	232543,1666	7.39 %
Exp E Estratificado	78275,56852	153420,1143	4.87 %

Como se observa, muestreando el 90 % de cada departamento, se obtiene un error menor que el 5 % con el estimador de expansión elemental estratificado, bajo el supuesto de medias exactamente iguales, en este caso, poco realista.

Los datos de una hoja de cálculo, permiten en unos segundos hacer el cambio y arrojar en forma inmediata los errores de la muestra simulada. En este caso, la hoja de cálculo sólo tenía el estimador elemental.

Ajustando la simulación con las diferencias de media, esto es, conglomerados con medias ligeramente diferentes, se obtiene la siguiente tabla.

Estimador	error estándar	error absoluto	error relativo
Expansión Elemental	399150,9271	782335,817	24,9 %
Exp E Estratificado	594827,7208	1165862,333	37,0 %

Como se observa, los conglomerados tienen medias diferentes, por lo que se recomienda un muestreo exhaustivo; que comienza por agregar al piloto los departamentos que faltan en cada región y tomando un tamaño similar al de los otros. Esto se muestra con la correlación de 0.7078 entre totales de conglomerados y tamaños de conglomerados.

Donde se informó los errores estándar de los diferentes métodos, los estimadores elementales no son robustos, pero los otros estimadores si lo son (incluyendo una componente de varianza debido a las diferencias de las medias de los agrupamientos). Por lo tanto, la varianza real de los estimadores elementales puede ser corregida, pero ese no es el camino verdadero; el camino correcto es usar el Estimador Exhaustivo, como ya se comentó, que es el estimador insesgado y más eficiente de todos para estos casos.

*Ejemplo **4.3** A continuación se pretende calcular con base al error estándar simulado, el tamaño de muestra con la tabla del problema 6 de la sección 1.1. Los errores estándar son robustos al incluir las dos etapas de la varianza, según las formulaciones dadas.*

Método	$\widehat{Y}$	$\widehat{ee}\left(\widehat{Y}\right)$
expansion simple	10865760	26295072,47
razón simple	6222387,192	1364504,645
razón ponderada	6204727,18	1360398,762
elemental	6243090	1375985,963

Con la piloto de 25 unidades elementales (diseño 5x5), se observa que el estimador de Expansión Simple es sesgado y heterogéneo.

Ahora, al tomar un diseño 20x20, la tabla queda en la siguiente forma

Método	$\widehat{Y}$	$\widehat{ee}\left(\widehat{Y}\right)$
expansion simple	10865760	11804386,23
razón simple	6222387,192	620316,3553
razón ponderada	6204727,18	619362,5008
elemental	6243090	533776,4659

Es decir, con 400 unidades elementales (diseño 20x20), los estimadores reducen el error sustancialmente. La expresión genérica de la varianza debe sustituir $n = 5$ por $n = 20$ y $m_i = 5$ por $m_i = 20$; pero en el caso elemental donde aparece un n^2 dividiendo la suma de 5 términos se sustituye $n^2 = 5 * 20$ para mantener el promedio equilibrado. En los demás casos la sustitución es sin tener en cuenta la condición de equilibrio.

Tambien, se puede optar por ir más alla, tomando 400 unidades elementales en un diseño (50x8), a continuación los resultados

Método	$\widehat{Y}$	$\widehat{ee}\left(\widehat{Y}\right)$
expansion simple	10865760	20326458,99
razón simple	6222387,192	683716,694
razón ponderada	6204727,18	679178,3378
elemental	6243090	323732,75

Esto muestra que al visitar más pueblos se reduce el error, pero se aumentan los costos. Además, si se tomara un diseño 10x40 se reducen costos al visitar menos pueblos, pero se aumenta el error de muestreo.

Entonces, el investigador decide según su presupuesto para el muestreo, que diseño le sirve. El estimador de Expansión Elemental brinda mejores resultados que los otros 3 métodos.

4.2. Muestreo Exhaustivo

*En algunos casos, los conglomerados resultan bastante heterogé-
neos, que los métodos anteriores fallan dando un sesgo bastante
alto proporcionando estimaciones incorrectas. En esos casos conviene tomar los conglomerados primarios como estratos y hacer
únicamente muestreo de las unidades elementales; garantizando un
estimador más eficiente, esto es, entre los estimadores insesgados
el de varianza más baja.*

4.2.1. Definición

*Dado un muestreo bietápico, con N conglomerados primarios, al-
gunos de ellos heterogéneos con los otros, se define el estimador
exhaustivo como*

$$\widehat{Y_e} = \sum_{i=1}^{N} M_i \overline{y}_i$$

*donde los promedios elementales son variables aleatorias que pro-
ceden del muestreo elemental de las unidades secundarias.*
La varianza del estimador exhaustivo viene dada por

$$V(\widehat{Y_e}) = \sum_{i=1}^{N} M_i^2 \frac{M_i - m_i}{M_i} \frac{S_i^2}{m_i}$$

*Este estimador coincide con el estimador de expansión simple en
la segunda etapa y con el estimador de razón definido en la forma
exhaustiva.*

4.2.2. Conglomerados primarios

*En este método los conglomerados primarios son considerados
como estratos, y el empleo de este método se hace más práctico
cuando se tienen pocas unidades primarias y cuando es accesible
tomar muestras de cada uno de ellos. Si ese no fuere el caso,
se recurre a otro estimador que al no retener la heterogeneidad*

produce resultados erróneos. Sin embargo, cuando el conjunto de conglomerados primarios se caracterizan porque los valores elementales proceden de una misma población, el estimador elemental se comporta como un estimador aleatorio simple originando el resultado más eficiente.

Es conveniente definir los conglomerados principales como estratos para tomar muestras de cada uno de ellos, y tener en cuenta la información completa en la primera etapa y el muestreo en segunda etapa.

4.2.3. Variación exhaustiva

La variación del método exhaustivo es la más pequeña entre todos los métodos, y a su vez, se hace un estimador más eficiente, es decir, un estimador insesgado en cualquier circunstancia y con la mínima varianza. Entre todos los estimadores, el estimador exhaustivo goza de la mejor propiedad que sin importar el comportamiento de las unidades secundarias elementales se puede obtener el mejor de los resultados porque tiene en cuenta las posibles diferencias que existan entre los distintos conglomerados.

Una variación como la del método exhaustivo es apenas comprensible porque recoge la información completa de la población de conglomerados primarios; y eso extiende el resultado adaptándose al comportamiento que tenga la población.

4.2.4. Tamaño de Muestra

Naturalmente, el muestreo en dos etapas por el estimador elemental requiere que los conglomerados procedan de una población única y eso complica las cosas a la hora de calcular el tamaño de muestra, principalmente porque la variación de los datos puede no ser la precisa. Una muestra en dos etapas por el método exhaustivo tiene en cuenta que para primera etapa se seleccionan N unidades, es decir, la población completa de unidades primarias incluyendolas una sola vez sin reemplazamiento. Entonces, solo haría falta definir los tamaños secundarios; en la siguiente forma, se toma un muestreo de una cantidad fija m, lo cual no altera los resultados bajo el muestreo aleatorio simple.

$$V(\widehat{Y}_e) = \sum_{i=1}^{N} M_i^2 \frac{M_i - m}{M_i} \frac{S_i^2}{m}$$

$$V(\widehat{Y}_e) = \sum_{i=1}^{N} M_i^2 \frac{S_i^2}{m} - \sum_{i=1}^{N} M_i * S_i^2$$

Entonces, se tiene la siguiente formulación

$$Z^2 V(\widehat{Y}_e) = \varepsilon^2$$

Se tiene entonces

$$Z^2 \sum_{i=1}^{N} M_i^2 \frac{M_i - m}{M_i} \frac{S_i^2}{m} = \varepsilon^2$$

$$Z^2 \left(\sum_{i=1}^{N} M_i^2 \frac{S_i^2}{m} - \sum_{i=1}^{N} M_i * S_i^2 \right) = \varepsilon^2$$

$$Z^2 * \sum_{i=1}^{N} M_i^2 \frac{S_i^2}{m} = Z^2 \sum_{i=1}^{N} M_i * S_i^2 + \varepsilon^2$$

$$m = \frac{Z^2 * \sum\limits_{i=1}^{N} M_i^2 * S_i^2}{Z^2 \sum\limits_{i=1}^{N} M_i * S_i^2 + \varepsilon^2}$$

Al final el tamaño global de la muestra será $n_t = N * m$. Este se convierte en un método más exigente porque tiene en cuenta todas las unidades primarias, y no solo unas cuantas de ellas.

Ejemplo **4.4** *Se recogen datos de la población de 10 y 11 desde 2011 hasta 2013 en $N = 12$ grupos de estudiantes que arrojan un total de 327.*

A continuación se desea tomar una muestra aleatoria exhaustiva de los 12 grupos con la siguiente información.

La muestra contiene las variaciones de cada grupo, y en ella se detallan los principales datos para medir la muestra.

Estime el tamaño de muestra empleando un nivel de confianza del 95 % y un error absoluto del total de 42 puntos.

Grupo	Inferior	superior	M_i	S_i^2
1	1	27	27	0.56
2	28	51	24	0.65
3	52	78	27	0.53
4	79	105	27	0.48
5	106	132	27	0.67
6	133	158	26	0.73
7	159	187	29	0.45
8	188	210	23	0.52
9	211	243	33	0.55
10	244	271	28	0.54
11	272	299	28	0.66
12	300	327	28	0.59

Solución

Con base en la información se tiene $Z = 1{,}96$, $\varepsilon = 42$.

$$m = \frac{Z^2 * \sum_{i=1}^{N} M_i^2 * S_i^2}{Z^2 \sum_{i=1}^{N} M_i * S_i^2 + \varepsilon^2}$$

$$m = \frac{1{,}96^2(27^2 * 0{,}56 + ... + 28^2 * 0{,}59)}{1{,}96^2(27 * 0{,}56 + ... + 28 * 0{,}59) + 42^2} = 7{,}96$$

Se deben muestrear 8 estudiantes de cada grupo para un total de muestra de 96 estudiantes entre los 12 grupos.

*Ejemplo **4.5** Una cadena de 180 tiendas presenta los siguientes datos $\sum_{i=1}^{N} M_i^2 * S_i^2 = 14889374306$ y $\sum_{i=1}^{N} M_i * S_i^2 = 55288794$. Obtenga el tamaño de muestra exhaustivo para estimar el total de cuentas por cobrar con un nivel de confianza de 95 % y un error absoluto de 100000 pesos.*

Solución

Con base en la información se tiene $Z = 1{,}96$, $\varepsilon = 100000$.

$$m = \frac{Z^2 * \sum\limits_{i=1}^{N} M_i^2 * S_i^2}{Z^2 \sum\limits_{i=1}^{N} M_i * S_i^2 + \varepsilon^2}$$

$$m = \frac{1{,}96^2 * 14889374306}{1{,}96^2 * 55288794 + 100000^2} = 5{,}69$$

Se deben muestrear 6 clientes de cada tienda para un total de muestra de 1080 clientes entre las 180 tiendas.

*Ejemplo **4.6** En una población de 121 estudiantes repartidos en $N = 4$ grupos, se toma un muestreo exhaustivo aleatorio simple para estudiar una estimación de la calificación promedio de Física. Evalúe distintos métodos de realizar esa estimación.*
Los datos se resumen en la siguiente tabla.

Grado	m_i	M_i	$\overline{x}_i$	$\overline{y}_i$	S_{xi}^2	S_{yi}^2	S_{xyi}
10A	*16*	*34*	*3,3188*	*3,0438*	*0,2216*	*0,1639*	*0,0964*
10B	*16*	*38*	*3,3437*	*3,3062*	*0,2852*	*0,3326*	*0,2850*
11A	*16*	*25*	*3,6125*	*3,6937*	*0,2385*	*0,1766*	*0,1721*
11B	*16*	*24*	*3,6062*	*3,7125*	*0,4379*	*0,3545*	*0,3239*

*Estime los intervalos de confianza de al menos 95 % para la calificación media de Física **y**, por los métodos: Expansión Elemental, Razón univariada, Razón bivariada y Regresión bivariada. Comente a cerca de los resultados obtenidos.*
Solución

(a) El promedio elemental exhaustivo se obtiene como $\overline{y}_s = \dfrac{\sum\limits_{i=1}^{N} m_i \overline{y}_i}{\sum\limits_{i=1}^{N} m_i}$.

Debido a que las muestras de los dos grados tienen igual número de elementos, este promedio es equilibrado. Al utilizar el intervalo de al menos la confianza del 95 %, se usa la t de student con mínimo $\frac{2(n_t - 1)}{5} = 25$ grados de libertad, donde $n_t = 64$.
(b) El Estimador exhaustivo toma la forma del estimador de razón

univariado y se obtiene como $\overline{y}_s = \dfrac{\sum\limits_{i=1}^{N} M_i \overline{y}_i}{\sum\limits_{i=1}^{N} M_i}$.

(c) El Estimador exhaustivo de razón ponderada univariado toma la forma del estimador de razón univariado con pesos al cuadrado y se obtiene como $\overline{y}_s = \dfrac{\sum\limits_{i=1}^{N} M_i^2 \overline{y}_i}{\sum\limits_{i=1}^{N} M_i^2}$.

(d) El promedio de razón bivariada, con la muestra pareada, se obtiene como $\overline{y}_{rx} = \dfrac{\sum\limits_{i=1}^{N} \frac{\overline{y}_i}{\overline{x}_i}}{N} * \mu_x$, *que es un promedio de las razones por conglomerados por la media global.*

Debido a que la media elemental de Estadística es $\mu_x = 3,37521$; *los conglomerados de los dos grados proporcionan razones distintas ajustadas a la muestra y sus varianzas residuales se calculan para cada conglomerado.*

(e) El promedio de regresión bivariada, con la muestra pareada, se obtiene como $\overline{y}_{lrx} = \dfrac{\sum\limits_{i=1}^{N} \overline{y}_i + \widehat{\beta}_i(\mu_x - \overline{x}_i)}{N}$, *que es un promedio de las estimaciones de regresión por conglomerados.*

Debido a que la media elemental de Estadística es $\mu_x = 3,37521$; *los conglomerados de los dos grados proporcionan regresiones distintas ajustadas a la muestra y sus varianzas residuales se calculan para cada conglomerado.*

En todos los casos el valor $t = 2{,}0595$ *corresponde con una confianza del 95 % y 25 grados de libertad obtenidos con la t reducida como se explica en [20]. Los resultados se muestran a continuación*

Método	*Media*	*error estándar*	L_i	L_s
Expansión Elemental	*3,4390625*	*0,063359969*	*3,308*	*3,570*
Estimador Exhaustivo	*3,393285124*	*0,064825642*	*3,259*	*3,527*
Razón ponderada	*3,35193699*	*0,068959865*	*3,209*	*3,494*
Razón Bivariada	*3,339656284*	*0,041790982*	*3,253*	*3,426*
Regresión Bivariada	*3,367534449*	*0,036293173*	*3,292*	*3,443*

Todos los intervalos contienen la media de la calificación de Física con una probabilidad de al menos 0.95.

El estimador más eficiente vuelve a ser el de regresión lineal.

Ejemplo 4.7 En la población de 121 estudiantes repartidos en $N = 4$ grupos, se toma un muestreo exhaustivo para estudiar una estimación de la calificación promedio de Física y, pero esta vez se toma la muestra con pesos desiguales proporcionales a x, la calificación de Estadística.

Evalúe distintos métodos de realizar esa estimación.

Los datos se resumen en la siguiente tabla.

$Grado$	m_i	M_i	$\overline{x}_i$	$\overline{y}_i$	S^2_{xi}	S^2_{yi}	S_{xyi}
10A	16	34	3,1625	3,0375	0,2691	0,1411	0,1341
10B	16	38	3,56875	3,50625	0,1036	0,1139	0,0515
11A	16	25	3,60625	3,6	0,4339	0,364	0,3726
11B	16	24	3,3	3,5125	0,3	0,2105	0,1366

Estime los intervalos de confianza de al menos 95 % para la calificación media de Física y, por los métodos: Expansión Elemental, Razón univariada, Razón bivariada y Regresión bivariada. Comente a cerca de los resultados obtenidos.

Solución

En este caso, el promedio elemental definido en la forma simple es válido para los distintos diseños aquí presentados, ya que la media simple sigue siendo parte de uno de los dos centroides en la regresión.

Otra forma de verlo es que bajo el supuesto de medias iguales de la respuesta en los conglomerados, cualquier promedio equilibrado en los métodos univariados origina un estimador insesgado.

El estimador de razón de medias bivariado y de regresión bivariado, ambos con pesos desiguales, entran en validez como una optimización de la suma de los errores cuadrados ponderados, en cuyo caso, da el mismo resultado que los mínimos cuadrados ordinarios.

(a) El promedio elemental exhaustivo se obtiene como $\overline{y}_s = \dfrac{\sum\limits_{i=1}^{N} m_i \overline{y}_i}{\sum\limits_{i=1}^{N} m_i}$.

Debido a que las muestras de los dos grados tienen igual número de elementos, este promedio es equilibrado. Al utilizar el intervalo de al menos la confianza del 95 %, se usa la t de student con mínimo $\frac{2(n_t-1)}{5} = 25$ grados de libertad, donde $n_t = 64$.

(b) El Estimador exhaustivo toma la forma del estimador de razón univariado y se obtiene como $\overline{y}_s = \dfrac{\sum\limits_{i=1}^{N} M_i \overline{y}_i}{\sum\limits_{i=1}^{N} M_i}$.

(c) El Estimador exhaustivo de razón ponderada univariado toma la forma del estimador de razón univariado con pesos al cuadrado y se obtiene como $\overline{y}_s = \dfrac{\sum\limits_{i=1}^{N} M_i^2 \overline{y}_i}{\sum\limits_{i=1}^{N} M_i^2}$.

(d) El promedio de razón bivariada, con la muestra pareada, se obtiene como $\overline{y}_{rx} = \dfrac{\sum\limits_{i=1}^{N} \frac{\overline{y}_i}{\overline{x}_i}}{N} * \mu_x$, que es un promedio de las razones por conglomerados por la media global.

Debido a que la media elemental de Estadística es $\mu_x = 3,37521$; los conglomerados de los dos grados proporcionan razones distintas ajustadas a la muestra y sus varianzas residuales se calculan para cada conglomerado.

(e) El promedio de regresión bivariada, con la muestra pareada, se obtiene como $\overline{y}_{lrx} = \dfrac{\sum\limits_{i=1}^{N} \overline{y}_i + \widehat{\beta}_i (\mu_x - \overline{x}_i)}{N}$, que es un promedio de las estimaciones de regresión por conglomerados.

Debido a que la media elemental de Estadística es $\mu_x = 3,37521$; los conglomerados de los dos grados proporcionan regresiones distintas ajustadas a la muestra y sus varianzas residuales se calculan para cada conglomerado.

En todos los casos el valor $t = 2,0595$ corresponde con una confianza del 95 % y 25 grados de libertad obtenidos con la t reducida.

Los resultados se muestran a continuación

Método	*Media*	*error estándar*	L_i	L_s
Expansión Elemental	*3,4140625*	*0,056927345*	*3,29*	*3,53*
Estimador Exhaustivo	*3,394421488*	*0,053738573*	*3,28*	*3,51*
Razón ponderada	*3,37892331*	*0,052547435*	*3,27*	*3,49*
Razón Bivariada	*3,379943853*	*0,046616618*	*3,28*	*3,48*
Regresión Bivariada	*3,37546064*	*0,037229347*	*3,29*	*3,46*

Todos los intervalos contienen la media de la calificación de Física con una probabilidad de al menos 0.95.

El estimador más eficiente vuelve a ser el de regresión lineal.

4.3. Criterios

En esta sección de criterios, se desarrollan los principales fundamentos de la teoría de muestreo presentada en el libro, con las principales demostraciones y tablas necesarias para realizar las aplicaciones presentadas en el texto.

4.3.1. Muestreo Aleatorio Simple

En esta sección se presentan resultados ya demostrados en [15]. En el caso del muestreo aleatorio simple se distinguen 4 modelos de urna; los detalles se dan a continuación.

Sin reemplazamiento y sin distinción del orden

Se denomina también muestreo irrestrictamente aleatorio. En una población de tamaño N se encuentran $\binom{N}{n}$ posibles muestras distintas, siendo la probabilidad de selección de cada una de ellas: $P = \frac{n!(N-n)!}{N!}$.

La frecuencias de aparición del individuo r F_r tomarán valores 1 o 0 dependiendo si el individuo r está incluido o no en la muestra, de modo que:

$$P(F_r = 1) = \frac{\text{Número de muestras en las que } r \text{ está incluido}}{\text{Número total de muestras}}$$

$$P(F_r = 1) = \frac{\binom{N-1}{n-1}}{\binom{N}{n}} = \frac{n}{N},$$

$$P(F_r = 0) = 1 - \frac{n}{N}$$

Además las probabilidades conjuntas de los indicadores vienen dadas por:

$$P(F_r = 1, F_s = 1) = \frac{\binom{N-2}{n-2}}{\binom{N}{n}} = \frac{n(n-1)}{N(N-1)}$$

Esto es el número de muestras en las que están incluidos los individuos r y s dividido entre el número total de muestras.

Teorema 8 *En el muestreo aleatorio simple sin reemplazamiento y sin orden, se cumple que:*

$$E(F_r) = \frac{n}{N}, V(F_r) = \frac{n}{N}\left(1 - \frac{n}{N}\right), Cov(F_r, F_s) = \frac{-n}{N(N-1)}\left(1 - \frac{n}{N}\right)$$

para $r, s = 1, 2, \cdots, N$ *y* $r \neq s$.

Demostración *Tenemos que*

La esperanza de F_r es

$E(F_r) = \Sigma_{k=0}^{1} k P(F_r = k)$

$E(F_r) = 0\left(1 - \frac{n}{N}\right) + 1\left(\frac{n}{N}\right) = \frac{n}{N}$

La varianza de F_r es

$V(F_r) = \Sigma_{k=0}^{1} k^2 P(F_r = k) - [E(F_r)]^2$

$V(F_r) = 0^2\left(1 - \frac{n}{N}\right) + 1^2\left(\frac{n}{N}\right) - \left(\frac{n}{N}\right)^2 = \frac{n}{N} \times \frac{N-n}{N}$

La covarianza entre F_r y F_s es

$Cov(F_r, F_s) = \Sigma_{k=0}^{1} \Sigma_{l=0}^{1} kl P(F_r = k, F_s = l) - E(F_r)E(F_s) = \frac{n(n-1)}{N(N-1)} - \left(\frac{n}{N}\right)^2$

$Cov(F_r, F_s) = \frac{-n}{N(N-1)} \times \left(1 - \frac{n}{N}\right)$

Con reemplazamiento y sin distinción del orden

En una población de tamaño N se encuentran $\binom{N+n-1}{n}$ posibles muestras distintas, siendo la probabilidad de selección de cada una de ellas: $P = \frac{n!(N-1)!}{(N+n-1)}$.

Las frecuencias de apararición de los individuos F_r tomarán valores enteros de 0 a n, donde F_r representa el número de veces que el individuo r está en las muestra, de modo que:

$$P(F_r \geq 1) = \frac{\text{Número de muestras en las que } Ar \text{ está incluido}}{\text{Número total de muestras}}$$

$$P(F_r \geq 1) = 1 - \frac{\binom{N+n-2}{n}}{\binom{N+n-1}{n}} = \frac{n}{N+n-1}$$

$$P(F_r = 0) = 1 - \frac{n}{N+n-1} = \frac{N-1}{N+n-1}$$

La probabilidad de que el individuo r aparezca k veces en la muestra viene dada por:

$$P(F_r = k) = \frac{\binom{N+n-k-2}{n-k}}{\binom{N+n-1}{n}}$$

bajo una distribución hipergeométrica especial y si $1 \leq k \leq n$. Además las probabilidades conjuntas de los indicadores vienen dadas por:

$$P(F_r = 0, F_s = 0) = \frac{\binom{N+n-3}{n}}{\binom{N+n-1}{n}}$$

$$P(F_r = k, F_s = l) = \frac{\binom{N+n-k-l-3}{n-k-l}}{\binom{N+n-1}{n}}$$

si $1 \leq k+l \leq n$. Esto es el número de muestras en las que están incluidos los individuos r Y s dividido entre el número total de muestras.

Teorema 9 *Sea F_r la cantidad de veces que aprece el individuo r en la muestra, se cumple en el muestreo aleatorio simple con reemplazamiento y sin orden, que: $E(F_r) = \frac{n}{N}$,*
$V(F_r) = \frac{n}{N} \times \frac{N+n}{N} \times \frac{N-1}{N+1}$,
$Cov(F_r, F_s) = \frac{-n}{N} \times \frac{N+n}{N} \times \frac{1}{N+1}$

Demostración

Sólo se debe aplicar inducción sobre n y utilizar las propiedades de la distribución de las variables contadoras en el muestreo aleatorio con reemplazo y sin orden.

Sin reemplazamiento distinguiendo el orden

En una población de tamaño N se encuentran $\frac{N!}{(N-n)!}$ posibles muestras distintas, siendo la probabilidad de selección de cada una de ellas: $P = \frac{(N-n)!}{N!}$. De ahora en adelante, utilizaremos la notación: $P_n^N := \frac{N!}{(N-n)!}$.

Las frecuencias de apararición de los individuos F_r tomarán valores 1 o 0 dependiendo si el individuo r está o no incluido en la muestra, de modo que:

$$P(F_r = 1) = \frac{\text{Número de muestras en las que } r \text{ está incluido}}{\text{Número total de muestras}}$$

$$= 1 - \frac{P_n^{N-1}}{P_n^N} = 1 - \frac{N-n}{N} = \frac{n}{N}$$

$$P(F_r = 0) = 1 - \frac{n}{N} = \frac{N-n}{N}$$

Además las probabilidades conjuntas de los indicadores vienen dadas por:

$$P(F_r = 1, F_s = 1) = P(F_r = 1) - P(F_r = 1, F_r = 0)$$

$$= \frac{n}{N} - n\frac{P_{n-1}^{N-2}}{P_n^N} = \frac{n}{N} - \frac{n(N-n)}{N(N-1)}$$

$$= \frac{n(n-1)}{N(N-1)}$$

Esto es el número de muestras en las que están incluidos los individuos distintos r y s dividido entre el número total de muestras.

Teorema 10 *Sea F_r como se definió anteriormente; en el muestreo aleatorio simple sin reemplazamiento y con orden, se cumple que:*

$E(F_r) = \frac{n}{N}$,

$$V(F_r) = \frac{n}{N}\left(1 - \frac{n}{N}\right),$$
$$Cov(F_r, F_s) = \frac{-n}{N(N-1)}\left(1 - \frac{n}{N}\right)$$

Con reemplazamiento y con distinción del orden

En una población de tamaño N se encuentran N^n posibles muestras distintas, siendo la probabilidad deselección de cada una de ellas:

$P = \frac{1}{N^n}.$

Las frecuencias de apararición de los individuos F_r tomarán valores enteros entre 0 y n, de modo que:

$$\begin{aligned}
P(F_r \geq 1) &= \frac{\text{Número de muestras en las que } Ar \text{ está incluido}}{\text{Número total de muestras}} \\
&= 1 - \frac{(N-1)^n}{N^n} = 1 - \left(\frac{N-1}{N}\right)^n \\
P(F_r = 0) &= \left(1 - \frac{1}{N}\right)^n
\end{aligned}$$

Además las probabilidades conjuntas de los indicadores vienen dadas por:

$$P(F_r = k, F_s = s) = \frac{n!}{k!s!(n-k-s)!}\frac{1}{N^{k+s}}\left(1 - \frac{2}{N}\right)^{n-k-s}$$

$k, s = 0, 1, 2, \ldots, n$, que es una distribución multinomial. Esto es el número de muestras en las que están incluidos los individuos distintos r y s dividido entre el número total de muestras.

Teorema 11 *Sea F_r como se definió anteriormente, se cumple en el muestreo aleatorio simple con reemplazamiento y con orden, que:*

$$E(F_r) = \frac{n}{N},$$
$$V(F_r) = \frac{n}{N}\left(1 - \frac{1}{N}\right),$$
$$Cov(F_r, F_s) = \frac{-n}{N^2}$$

Probabilidad de que una muestra contenga a un individuo

La probabilidad de que una muestra contenga a un individuo depende del tipo de muestra utilizada. En particular, estas probabilidades se calculan para el muestreo aleatorio simple.

*Ejemplo **4.8** De una población de tamaño N se escoge una muestra de tamaño n. Encuentre la probabilidad de que la muestra contenga a un individuo particular, para cada uno de los tipos de selección de la muestra:*

- *Con reemplazo y con orden:*

$$P(\text{Se seleccione cualquier individuo } r) = 1 - \frac{(N-1)^n}{N^n}$$

$$P(\text{Se seleccione cualquier individuo } r) = 1 - \left(1 - \frac{1}{N}\right)^n$$

- *Sin reemplazo y con orden:*

$$P(\text{Se seleccione cualquier individuo } r) = 1 - \frac{P_n^{N-1}}{P_n^N}$$

$$P(\text{Se seleccione cualquier individuo } r) = 1 - \frac{N-n}{N} = \frac{n}{N}$$

- *Sin reemplazo y sin orden:*

$$P(\text{Se seleccione cualquier individuo } r) = 1 - \frac{\binom{N-1}{n}}{\binom{N}{n}}$$

$$P(\text{Se seleccione cualquier individuo } r) = 1 - \frac{N-n}{N} = \frac{n}{N}$$

- *Con reemplazo y sin orden:*

$$P(\text{Se seleccione cualquier individuo } r) = 1 - \frac{\binom{N+n-2}{n}}{\binom{N+n-1}{n}}$$

$$P(\text{Se seleccione cualquier individuo } r) = 1 - \frac{N-1}{N+n-1}$$

Propiedades de la media muestral

A continuación se presentan las propiedades de la media de una muestra elegida por vía al azar.

Teorema 12 *La media muestral es un estimador insesgado de la media poblacional:*

$$E\left[\overline{X}\right] = \mu$$

Demostración:

Al tener en cuenta que la variable aleatoria F_i toma el valor 1 si el elemento i está incluido en la muestra, y cero si no está incluido, se tiene que

$$E[\overline{X}] = E\left[\frac{1}{n}\sum_{i=1}^{n} X_i\right] = E\left[\frac{1}{n}\sum_{i=1}^{N} X_i F_i\right] = \frac{1}{n}\sum_{i=1}^{N} X_i E[F_i]$$

Usando $E[F_r] = \frac{n}{N}$, se tiene que:

$$E[\overline{X}] = \frac{1}{n}\sum_{i=1}^{N} X_i \frac{n}{N} = \frac{1}{N}\sum_{i=1}^{N} X_i = \mu$$

La demostración es válida para los tres tipos de muestreo. El argumento $E(X_i) = \mu$ sólo es válido para muestreo con reemplazo y con orden bajo la distribución binomial; por tal razón, no se presentó en su forma habitual. Por ejemplo, si el muestreo es hipergeométrico $E(X_i) \approx \mu$, pero se usa la propiedad que para cada muestra aleatoria de tamaño n, se tiene $E\left(\sum_{i=1}^{n} X_i\right) = n\mu$.

Teorema 13 *La varianza de la media muestral simple, en el muestreo aleatorio, es:*

$$V[\overline{X}] = \frac{\sigma_1^2}{n}\frac{N + nc}{N + c}$$

donde $c = -1$ en el muestreo sin reemplazo, $c = 0$ en el muestreo con reemplazo con orden y $c = 1$ en el muestreo con reemplazo y sin orden.

J. Tilano

Demostración:

Para calcular la varianza de la media muestral simple se utilizan los valores de las varianzas y covarianzas presentadas en el capítulo 1, tomando $p_i = \frac{1}{N}$ para muestreo en población finita. .

$$V(F_r) = \frac{N + nc}{N + c} \frac{n}{N}\left(1 - \frac{1}{N}\right) \ y \ Cov(F_r; F_s) = -\frac{N + nc}{N + c} \frac{n}{N^2}$$

y la relación:

$$\sum_{i=1}^{N} X_i^2 + \sum_{i \neq j} X_i X_j = \left(\sum_{i=1}^{N} X_i\right)^2$$

La varianza por tanto:

$$
\begin{aligned}
V(\overline{X}) &= V\left(\frac{1}{n}\sum_{i=1}^{n} x_i\right) = V\left(\frac{1}{n}\sum_{i=1}^{N} X_i F_i\right) = \frac{1}{n^2}V\left(\sum_{i=1}^{N} X_i F_i\right) \\
&= \frac{1}{n^2}\left[\sum_{i=1}^{N} V[X_i F_i] + \sum_{i \neq j} Cov(X_i F_i X_j F_j)\right] \\
&= \frac{1}{n^2}\left[\sum_{i=1}^{N} X_i^2 V[F_i] + \sum_{i \neq j} X_i X_j Cov(F_i, F_j)\right] \\
&= \frac{1}{n^2}\left[\sum_{i=1}^{N} X_i^2 \frac{N + nc}{N + c}\frac{n}{N}\left(1 - \frac{1}{N}\right) + \sum_{i \neq j} X_i X_j - \frac{N + nc}{N + c}\frac{n}{N^2}\right] \\
&= \frac{1}{n}\frac{N + nc}{N + c}\left[\frac{1}{(N)}\sum_{i=1}^{N} X_i^2 - \frac{1}{N^2}\left(\sum_{i=j}^{N} X_i\right)^2\right] = \\
&= \frac{1}{n}\frac{N + nc}{N + c}\sigma_1^2
\end{aligned}
$$

Teorema 14 *En particular, para el muestreo sin reemplazo, se tiene*

$$V[\overline{X}] = \frac{\sigma_1^2}{n}\frac{N - n}{N - 1}$$

Demostración

En el teorema anterior se toma $c = -1$ y se obtiene de inmediato el resultado.

Teorema 15 *La varianza muestral, definida como $S^2 = \frac{\sum_{i=1}^{n}(X_i - \overline{X})^2}{n-1}$, en el muestreo sin reemplazo, es un estimador insesgado para la* *varianza poblacional del muestreo sin reemplazo, es decir:*

$$E[S^2] = \sigma_0^2$$

Demostración:

Antes de calcular la esperanza, se hace una transformación en la expresión de la varianza muestral, para simplificar los cálculos. Se utilizan para ello la relación. $\sum_{i=1}^{n}(X_i - \mu) = n(\overline{X} - \mu)$. *Desarrollando la expresión de* S^2.

$$
\begin{aligned}
S^2 &= \frac{1}{n-1}\sum_{i=1}^{n}(X_i - \overline{X})^2 = \frac{1}{n-1}\sum_{i=1}^{n}((X_i - \mu) - (\overline{X} - \mu))^2 \\
&= \frac{1}{n-1}\left[\sum_{i=1}^{n}(X_i - \mu)^2 - 2\sum_{i=1}^{n}(X_i - \mu)(\overline{X} - \mu) + \sum_{i=1}^{n}(\overline{X} - \mu)^2\right] \\
&= \frac{1}{n-1}\left[\sum_{i=1}^{n}(X_i - \mu)^2 - 2n(\overline{X} - \mu)^2 + n(\overline{X} - \mu)^2\right] \\
&= \frac{1}{n-1}\left[\sum_{i=1}^{n}(X_i - \mu)^2 - n(\overline{X} - \mu)^2\right]
\end{aligned}
$$

Se verifica además que:

$$
\begin{aligned}
E\left[\sum_{i=1}^{n}(X_i - \mu)^2\right] &= E\left[\sum_{i=1}^{N}(X_i - \mu)^2 F_i\right] = \sum_{i=1}^{N}(X_i - \mu)^2\frac{n}{N} = n\sigma_1^2 \quad y \\
E[(\overline{X} - \mu)^2] &= V(\overline{X}) = \frac{\sigma_0^2}{n}(1 - f)
\end{aligned}
$$

La esperanza de la varianza muestral será por lo tanto:

$$
E(S^2) = \frac{1}{n-1}\left[E\left(\sum_{i=1}^{n}(X_i - \mu)^2\right) - nE((\overline{X} - \mu)^2)\right]
$$

$$
E(S^2) = \frac{1}{n-1}\left[n\sigma_1^2 - \left(1 - \frac{n}{N}\right)\sigma_0^2\right]
$$

$$
E(S^2) = \frac{1}{n-1}\left[\frac{n(N-1)}{N}\sigma_0^2 - \frac{N-n}{N}\sigma_0^2\right] = \sigma_0^2
$$

Teorema 16 *La varianza del estimador de la media muestral en el muestreo con reemplazo sin orden es:*

$$
V(\overline{X}) = \frac{N+n}{N+1}\left(\frac{\sigma_1^2}{n}\right).
$$

Demostración

En este caso, se toma del teorema 13 con $c = 1$, y se demuestra que

$$V(\overline{X}) = \frac{N+n}{N+1}\left(\frac{\sigma_1^2}{n}\right)$$

Teorema 17 En el muestreo con reemplazo sin orden la varianza muestral es insesgada de la varianza poblacional $\sigma_2^2 = \frac{\sum_{i=1}^{N}(X_i-\mu)^2}{N+1}$. Entonces, se puede para efectos prácticos en muestras grandes utilizar la varianza muestral para estimar la varianza poblacional. Por lo tanto, la varianza verdadera de la media es

$$V(\overline{X}) = \frac{N+n}{N}\left(\frac{\sigma_2^2}{n}\right)$$

Demostración

Desarrollando la expresión de la cuasivarianza muestral

$$S^2 = \frac{1}{n-1}\left[\sum_{i=1}^{n}(X_i - \mu)^2 - n(\overline{X} - \mu)^2\right]$$

Se verifica además que:

$$E\left[\sum_{i=1}^{n}(X_i - \mu)^2\right] = n\sigma_1^2$$

$$E[(\overline{X} - \mu)^2] = V(\overline{X}) = \frac{\sigma_1^2}{n} \times \frac{N+n}{N+1}$$

La esperanza de la cuasivarianza muestral será por lo tanto:

$$E(S^2) = \frac{1}{n-1}\left[n\sigma_1^2 - \frac{N+n}{N+1} \times \sigma^2\right] = \frac{N}{N+1} \times \sigma_1^2 = \sigma_2^2$$

Teorema 18 Se pueden enunciar las siguientes proposiciones, correspondientes a la proporción de una muestra:

(a) La proporción muestral es un estimador insesgado de la proporción poblacional:

$$E[\hat{p}] = p$$

(b) *La varianza del estimador de la proporción, en muestreo sin reemplazo, es:*

$$V[\hat{p}] = V[\overline{X}] = \frac{N-n}{N-1} \cdot \frac{pq}{n}$$

(c) *La varianza del estimador de la proporción, en muestreo con reemplazo sin orden, es:*

$$V[\hat{p}] = V[\overline{X}] = \frac{N+n}{N+1} \cdot \frac{pq}{n}$$

(d) *Una estimación insesgada de la varianza del estimador de la proporción, en muestreo sin reemplazo, es:*

$$\widehat{V}[\hat{p}] = \frac{\hat{p}\hat{q}}{n-1}(1-f)$$

(e) *Una estimación insesgada de la varianza del estimador de la proporción, en muestreo con reemplazo sin orden, es:*

$$\widehat{V}[\hat{p}] = \frac{\hat{p}\hat{q}}{n-1}(1+f)$$

Demostración:

(a) *Si se utiliza el teorema 12:*

$$E[\hat{p}] = E[\overline{X}] = \mu = p$$

(b) *Utilizando el resultado del teorema 13 se verifica:*

$$V(\hat{p}) = V(\overline{X}) = \frac{\sigma_0^2}{n}(1-f) = \frac{N}{n(N-1)}pq\frac{N-n}{N} = \frac{N-n}{N-1}\frac{pq}{n}$$

(c) *Utilizando el teorema 16 se verifica:*

$$V(\hat{p}) = V(\overline{X}) = \frac{\sigma_1^2}{n} \times \frac{N+n}{N+1} = \frac{N+n}{n(N+1)}pq = \frac{N+n}{N+1}\frac{pq}{n}$$

(d) *Utilizando el resultado del teorema 15 y la relación entre la media poblacional y la proporción:*

$$E\left[\frac{\hat{p}\hat{q}}{n-1}(1-f)\right] = \frac{1}{n}(1-f)E\left[\frac{n}{n-1}\hat{p}\hat{q}\right] = \frac{1}{n}(1-f)E[S^2]$$
$$= \frac{1}{n}(1-f)\sigma_0^2 = \frac{1}{n}(1-f)\frac{N}{N-1}pq = \frac{N-n}{N-1}\frac{pq}{n}$$

(e) Se deja como ejercicio al lector.

Teorema 19 $\widehat{\overline{X}} = \overline{X}$ *es un estimador insesgado para la media poblacional y su varianza es* σ_1^2/n.

Demostración:

En el muestreo con reemplazo, se toma $c = 0$ *del teorema 13 y se tiene*

$$V(\widehat{\overline{X}}) = \frac{\sigma_1^2}{n}$$

Teorema 20 *Una estimación insesgada de la varianza del estimador es:*

$$\widehat{V}(\overline{X}) = \frac{S^2}{n}$$

Demostración:

$$S^2 = \frac{1}{n-1}\left[\sum_{i=1}^{n}(X_i - \mu)^2 - n(\overline{X} - \mu)^2\right]$$

La esperanza de ambos sumandos en el muestreo con reemplazo es,

$$E\left[\sum_{i=1}^{n}(X_i - \mu)^2\right] = E\left[\sum_{i=1}^{n}(X_i - \mu)^2 F_i\right] = \sum_{i=1}^{n}(X_i - \mu)^2 \frac{n}{N} = n\sigma_1^2$$

$$E\left[n(\overline{X} - \mu)^2\right] = nV(\overline{X}) = \sigma_1^2$$

Por lo tanto,

$$E(S^2) = \frac{1}{n-1}\left[n\sigma_1^2 - n\frac{\sigma_1^2}{n}\right] = \sigma_1^2$$

Teorema 21 *La varianza muestral, definida como* $S^2 = \dfrac{\sum_{i=1}^{n}(X_i - \overline{X})^2}{n-1}$, *en el muestreo aleatorio, es un estimador insesgado para la varianza poblacional del muestreo aleatorio* σ_{1+c}^2, *es decir:*

$$E[S^2] = \sigma_{1+c}^2$$

Demostración

Con los resultados anteriores se define $\sigma_{1+c}^2 = \frac{N}{N+c}\sigma_1^2$, y se demuestra que $E(S^2) = \frac{N}{N+c}\sigma_1^2$, esto es, $E(S^2) = \sigma_{1+c}^2$. Los parámetros para $c = -1$, $c = 0$ y $c = 1$ son σ_0^2, σ_1^2 y σ_2^2; respectivamente.

4.3.2. Estimadores Auxiliares

Modelo aproximativo

Dada la asimetría positiva de ambas variables, en la mayoría de aplicaciones, se aproxima la razón usando la distribución gamma bivariante.

Se usará el modelo gamma bivariante para aproximar, la razón, la varianza, la asimetría de la distribución obteniendo más información desconocida de la distribución.

La forma de la distribución gamma bivariada con parámetros $\alpha > 0$, $\beta_1 > 0$, $\beta_2 > 0$ y $0 < c < 1$, es

$$f(x, y, \alpha, \beta_1, \beta_2, c) = k\frac{(xy)^{\alpha-1}}{\beta_1^\alpha \beta_2^\alpha \Gamma(\alpha)^2 \sqrt{1-c}}e^{-\frac{1}{1-c}(\frac{x}{\beta_1}+\frac{y}{\beta_2}-2c\sqrt{\frac{xy}{\beta_1\beta_2}})}$$

Para $0 \le x$, $0 \le y$ y k la constante de integración.

A diferencia de los modelos tradicionales que exigen que los datos se ajusten a los supuestos, en este modelo hay flexibilidad y el modelo se ajusta a los datos permitiendo explicar el comportamiento de los datos de una manera exacta y coherente. En el caso, de presentarse supuestos difíciles de cumplir los problemas no pueden ser resueltos en forma eficiente sino que se resuelven de forma limitada, pero, en el uso del presente modelo se puede tener mayor control sobre las variables sin generar pérdidas en la interpretación de los datos.

Consideremos, el caso en que α es un entero positivo.

Se toma para calcular la constante de integración y los 4 primeros momentos, la $E(X^r)$, donde r toma los valores enteros de 0 a 4, *caso por caso.*

$$E(X^r) = \int_0^\infty x^r f_X(x; \alpha, c)dx$$

$$f_X(x) = \frac{kx^{\alpha-1}e^{-(1+c)x}}{\Gamma(\alpha)^2\sqrt{1-c}}(1-c)^\alpha e^{-\frac{c^2x}{1-c}}\left(1 + \sum_{i=1}^{\alpha-1}\left(\frac{c^2x}{1-c}\right)^i\right)$$

$$+\frac{kx^{\alpha-1}e^{-(1+c)x}}{\Gamma(\alpha)^2\sqrt{1-c}}\left(1 + erf\left(\frac{c\sqrt{x}}{\sqrt{1-c}}\right)\right) \times$$

$$\sum_{i=0}^{\alpha-1}\binom{2\alpha-1}{2i+1}c^{2i+1}x^{i+1/2}(1-c)^{\alpha-i-1/2}\Gamma(\alpha-i-1/2)$$

El tamaño de muestra para estimar R, μ_y o τ_y

Para realizar estimaciones de R dentro de ε unidades por muestreo irrestricto aleatorio usando estimadores de razón se tiene que resolver para n la ecuación: $Z_{\alpha/2}\sqrt{V(\widehat{R})} = \varepsilon_R$, donde ε_R es el error absoluto máximo permitido para la estimación de razón. Al colocar $S^2 = \frac{\sum\limits_{i=1}^{n}(y_i-\widehat{R}x_i)^2}{n-1}$ que se puede estimar por una muestra piloto, el tamaño de muestra se deduce como:

$$n_1 = \frac{N\sigma^2 Z_{\alpha/2}^2}{N\varepsilon_R^2\mu_x^2 + Z_{\alpha/2}^2\sigma^2} = \frac{\sigma^2 Z_{\alpha/2}^2/\varepsilon_R^2}{\mu_x^2 + Z_{\alpha/2}^2\sigma^2/N\varepsilon_R^2} = \frac{n_0}{\mu_x^2 + n_0/N}$$

donde $n_0 = Z_{\alpha/2}^2\sigma^2/\varepsilon_R^2$.
Analogamente, a la estimación de razón se debe resolver para n la ecuación:

$$Z_{\alpha/2}\mu_x\sqrt{V(\widehat{R})} = \varepsilon_y$$

Al despejar n se obtiene el tamaño de muestra con un error absoluto máximo ε y una confianza $Z_{\alpha/2}$:

$$n_2 = \frac{\sigma^2 Z_{\alpha/2}^2/\varepsilon_y^2}{1 + Z_{\alpha/2}^2\sigma^2/N\varepsilon_y^2} = \frac{n_0}{1 + n_0/N}$$

donde $n_0 = Z_{\alpha/2}^2\sigma^2/\varepsilon_y^2$.

                                        J. Tilano

Sucesivamente para τ_y se debe resolver para n la ecuación: $Z_{\alpha/2}\tau_x\sqrt{V(\widehat{R})} = \varepsilon_\tau$. Al despejar n se obtiene el tamaño de muestra con un error absoluto máximo ε_τ y una confianza $Z_{\alpha/2}$:

$$n_3 = \frac{n_0}{1/N^2 \;+\; n_0/N}$$

donde $n_0 = Z_{\alpha/2}^2 \sigma^2 / \varepsilon_\tau^2$.
Al tomar,

$$\varepsilon_\tau = N\varepsilon_y = N\mu_x \varepsilon_R$$

, lo que se resuelve en las tres ecuaciones es una misma. Así que, se cumple que los tres tamaños de muestra son idénticos, aunque sus formulaciones sean diferentes. El usuario debe advertir que clase de error se comete con las otras dos estimaciones al usar una de esas fórmulas.

4.3.3. Criterios de Afijación

La afijación proporcional consiste en seleccionar el tamaño de muestra en forma proporcional al tamaño de estrato, esto es, $n_i = nW_i$. Para calcular el tamaño de muestra por afijación proporcional se resuelve la ecuación:

$$\varepsilon^2 = \sum_{i=1}^{L} W_i^2 (1 - f_i)\frac{s_i^2}{n_i}$$

En este caso, $n_i = nW_i$. Luego,

$$\varepsilon^2 = \sum_{i=1}^{L} W_i^2 (1 - f_i)\frac{s_i^2}{n_i}$$

$$\varepsilon^2 = \sum_{i=1}^{L} W_i^2 (1 - \frac{nW_i}{N_i})\frac{s_i^2}{nW_i}$$

$$\varepsilon^2 = \sum_{i=1}^{L} W_i (1 - \frac{n}{N})\frac{s_i^2}{n}$$

Por tanto, el tamaño de muestra por afijación proporcional se obtiene con la fórmula:

$$n = \frac{n_0}{1 + \frac{n_0}{N}}$$

$$n_0 = \frac{Z_{\frac{\alpha}{2}}^2 \sum\limits_{i=1}^{L} W_i S_i^2}{\varepsilon_a^2}$$

Por su parte, existen dos procedimientos para aplicar afijación óptima, se puede tomar la opción de minimizar el tamaño de muestra para una varianza fija dada. En este caso, se tiene la función con multiplicadores de Lagrange

$$\eta\left(n_1, n_2, ..., n_l, \lambda\right) = \sum_{i=1}^{L} n_i - \lambda\left(\sum_{i=1}^{L} W_i^2 \frac{S_i^2}{n_i} - \sum_{i=1}^{L} W_i^2 \frac{S_i^2}{N_i} - V\right)$$

Por lo tanto,

$$\frac{\partial \eta}{\partial n_i} = 1 + W_i^2 \frac{S_i^2}{n_i^2}\lambda = 0$$

para cada $i = 1, 2, ..., L$.

$$\frac{\partial \eta}{\partial \lambda} = V - \sum_{i=1}^{L} W_i^2 \frac{S_i^2}{n_i} + \sum_{i=1}^{L} W_i^2 \frac{S_i^2}{N_i} = 0$$

de donde

$$W_i \frac{S_i}{n_i} = \sqrt{\frac{-1}{\lambda}}$$

Por consiguiente,

$$\frac{n_1}{W_1 S_1} = \frac{n_2}{W_2 S_2} = \cdots = \frac{n_L}{W_L S_L} = \frac{n}{\sum\limits_{i=1}^{L} W_i S_i}$$

Es decir,

$$n_i = n \frac{W_i S_i}{\sum\limits_{i=1}^{L} W_i S_i}$$

Además, al aplicar la condición con respecto a λ y reemplazar la ecuación anterior en V, se obtiene que

$$V = \sum_{i=1}^{L} W_i^2 \left(1 - \frac{n\frac{W_i S_i}{\sum\limits_{i=1}^{L} W_i S_i}}{N_i}\right) \frac{s_i^2}{n\frac{W_i S_i}{\sum\limits_{i=1}^{L} W_i S_i}}$$

Por tanto, el tamaño de muestra por afijación óptima, para un error absoluto máximo dado, se obtiene con la fórmula:

$$n = \frac{Z_{\frac{\alpha}{2}}^2 \left(\sum\limits_{i=1}^{L} W_i S_i \right)^2}{\varepsilon_a^2 + Z_{\frac{\alpha}{2}}^2 \dfrac{\sum\limits_{i=1}^{L} W_i S_i^2}{N}}$$

Este es el tamaño de muestra fijando el error absoluto del estimador estratificado y no el tamaño total de la muestra.

Sucesivamente, para afijación óptima con costos variables, se tomará el criterio de Costo mínimo con varianza fija V. Se hace uso de los multiplicadores de Lagrange:

$$C = \left(C_0 + \sum\limits_{i=1}^{L} n_i C_i - C \right) + \left(\sum\limits_{i=1}^{L} W_i^2 \frac{S_i^2}{n_i} - \frac{1}{N_i} \sum\limits_{i=1}^{L} W_i^2 S_i^2 - V \right) \lambda$$

Por lo tanto, derivando respecto a n_i se tiene:

$$\frac{\partial C}{\partial n_i} = C_i - W_i^2 \frac{S_i^2}{n_i^2} \lambda = 0,$$

de donde

$$\frac{W_i S_i}{n_i \sqrt{C_i}} = \sqrt{-1/\lambda}$$

Por consiguiente,

$$\frac{n_1 \sqrt{C_1}}{W_1 S_1} = \frac{n_2 \sqrt{C_2}}{W_2 S_2} = \cdots = \frac{n_L \sqrt{C_L}}{W_L S_L} = \frac{n}{\sum\limits_{i=1}^{L} W_i S_i / \sqrt{C_i}} = \sqrt{-\lambda}$$

Es decir,

$$n_i = n \frac{W_i S_i / \sqrt{C_i}}{\sum\limits_{i=1}^{L} W_i S_i / \sqrt{C_i}}$$

Ahora bien, como esta es una clase de afijación óptima con un término adicional, se resuelve la ecuación de tamaño de muestra de la varianza de la media estratificada, reemplazando n_i y se obtiene

$$n = \frac{Z_{\frac{\alpha}{2}}^2 \sum\limits_{i=1}^{L} \frac{W_i S_i}{\sqrt{C_i}} \sum\limits_{i=1}^{L} W_i S_i \sqrt{C_i}}{\varepsilon_a^2 + Z_{\frac{\alpha}{2}}^2 \dfrac{\sum\limits_{i=1}^{L} W_i S_i^2}{N}}$$

En este caso, $V * Z^2_{1-\alpha/2} = \varepsilon^2_a$; representa el cuadrado del error absoluto.

Análisis del Estimador de Expansión Simple

El estimador de Expansión Simple se trata de un estimador sesgado de la media poblacional y con alta Varianza.
Esto se enuncia en el siguiente teorema.

Teorema 22 *El estimador tradicional de expansión simple, bajo muestreo polietápico, de la media por unidad elemental, definido como $\hat{\mu} = \frac{N}{M} \sum_{i=1}^{n} \frac{y_i}{n} = \left(\frac{N}{M}\right) \sum_{i=1}^{n} \frac{M_i \bar{y}_i}{n}$ presenta las siguientes propiedades*

- *Se trata de un estimador sesgado.*

- *Se trata de un estimador con mayor variabilidad que los estimadores de razón, regresión y de Expansión elemental.*

Demostración

- *Sobre el sesgo.*

  Para determinar el sesgo del estimador de Expansión Simple $\hat{\mu} = \frac{N}{M} \sum_{i=1}^{n} \frac{y_i}{n} = \left(\frac{N}{M}\right) \sum_{i=1}^{n} \frac{M_i \bar{y}_i}{n}$, se debe tener en cuenta la probabilidad de inclusión de cada unidad Y_i, que representa el total de la primera etapa. Así, se puede escribir esto en la siguiente forma

  $\pi_i = np_i$, bajo muestreo sin reemplazamiento.

  Luego, se tiene

$$\hat{\mu} = \left(\frac{N}{M}\right) \sum_{i=1}^{N} \frac{Y_i}{n} F_j$$

$$E(\hat{\mu}) = \left(\frac{N}{M}\right) \sum_{i=1}^{N} \frac{Y_i}{n} E(F_i)$$

$$E\left(\widehat{\mu}\right) = \left(\frac{N}{M}\right) \sum_{i=1}^{N} \frac{Y_i}{n} \pi_i$$

$$E\left(\widehat{\mu}\right) = \left(\frac{N}{M}\right) \sum_{i=1}^{N} \frac{Y_i}{n} n p_i$$

De este modo, se tiene que

$$Sesgo\left(\widehat{\mu}\right) = E\left(\widehat{\mu}\right) - \mu = \left(\frac{N}{M}\right) \sum_{i=1}^{N} Y_i p_i - \mu$$

Para el muestreo con reemplazo, ese mismo sesgo presenta una estructura similar.

Estos dos sesgos suelen ser muy importantes, no despreciables, puesto que a mayor tamaño mayor total y mayor peso. En general, el sesgo será positivo. Sólo en el caso de que todos los conglomerados tienen igual tamaño y se muestrea la misma fracción se tendrá un insesgamiento del estimador de Expansión Simple.

○ *Sobre la Varianza.*

La varianza estimada de $\widehat{\mu}$ es:

$$\widehat{V}\left(\widehat{\mu}\right) = \frac{N-n}{N} \cdot \left(\frac{1}{n\overline{M}^2}\right) S_b^2 + \frac{1}{nN\overline{M}^2} \sum_{i=1}^{n} M_i^2 \left(\frac{M_i - m_i}{M_i}\right) \left(\frac{S_i^2}{m_i}\right)$$

donde

$$S_b^2 = \sum_{i=1}^{n} \frac{(M_i \overline{y}_i - \overline{M}\widehat{\mu})^2}{n-1}$$

y

$$S_i^2 = \sum_{j=1}^{m_i} \frac{(y_{ij} - \overline{y}_i)^2}{m_i - 1}; i = 1, 2, \ldots, n$$

Teniendo en cuenta que los totales de los conglomerados primarios se correlacionan fuertemente con los tamaños de los mismos, y comparar la varianza de la primera etapa del estimador de Expansión simple con las varianzas del estimador de razón, regresión se deduce aplicando las propiedades encontradas en capítulos anteriores, que la varianza por el método de Expansión Simple es mayor a los otros dos métodos de *razón y regresión. Esto es evidente ya que bajo regresión la varianza aparecerá multiplicada por un factor menor que 1, que es $1 - \rho^2$; y en el estimador de razón se debe verificar que $\rho > 0{,}5$.*

Con respecto al estimador de Expansión elemental es necesario verificar que por construcción la Expansión simple utiliza los valores aleatorios de los conglomerados elegidos que le imprimen un componente adicional a la varianza del estimador de Expansión elemental; de este modo en general, el estimador de Expansión elemental tiene menor varianza que el estimador de Expansión Simple.

Estimación elemental de la media y el total

La notación a utilizar es la siguiente:

- N = *número de conglomerados en la población.*

- n = *número de conglomerados seleccionados en muestra aleatoria.*

- N_i = *número de unidades elementales en el conglomerado i.*

- n_i = *número de unidades elementales seleccionados en muestra aleatoria del conglomerado i.*

- y_{ij} = *j-ésima observación en la muestra del i-ésimo conglomerado.*

Análisis del Estimador de Expansión elemental

El estimador de Expansión elemental definido como $\widehat{Y}_s = M\overline{\overline{Y}}$, se trata de un estimador casi insesgado de la media poblacional. Esto se enuncia en el siguiente teorema.

Teorema 23 *Suponga que una población elemental consta de M valores con media μ dentro de cada agrupamiento, el estimador* *de Expansión elemental, bajo muestreo bietápico, de la media por unidad elemental, definido como $\widehat{Y}_s = M\overline{\overline{Y}}$, presenta las siguientes propiedades*

○ *Se trata de un estimador insesgado.*

○ *Se trata de un estimador con variabilidad similar que los estimadores de razón y regresión.*

Demostración

○ *Sobre el sesgo.*

Para determinar el sesgo del estimador de Expansión elemental $\widehat{Y}_s = M\overline{\overline{Y}}$, se debe tener en cuenta la probabilidad de inclusión de cada unidad Y_i, que representa el total de la primera etapa. Así, se puede escribir esto en la siguiente forma

$\pi_i = np_i$, *bajo muestreo sin reemplazamiento.*

Luego, se tiene

$$\widehat{Y}_s = M \sum_{i=1}^{N} \frac{\overline{Y}_i}{n} F_i$$

$$E\left(\widehat{Y}_s\right) = M \sum_{i=1}^{N} \frac{\mu_i}{n} E\left(F_i\right)$$

$$E\left(\widehat{Y}_s\right) = M \sum_{i=1}^{N} \frac{\mu_i}{n} \pi_i$$

$$E\left(\widehat{Y}_s\right) = M \sum_{i=1}^{N} \frac{\mu_i}{n} np_i$$

De este modo, se tiene que

$$Sesgo\left(\widehat{Y}_s\right) = E\left(\widehat{Y}_s\right) - M\mu \approx 0$$

Siempre que $\mu_i \approx \mu$ condición razonable de la hipótesis, ya que los valores elementales constituyen una población única de M valores con media μ en cada agrupamiento.

Para el muestreo con reemplazo, ese mismo sesgo presenta una estructura similar.

Estos sesgo suele ser mínimo, poco importantes o despreciable, puesto que en este caso no se trabaja con los totales que pueden diferir sino con las medias elementales que prácticamente serían bastante similares si se parte del hecho que cada valor elemental viene de una población única sin importar el conglomerado primario al que pertenezca.

○ *Sobre la Varianza*

La varianza estimada de $\widehat{Y}_s$ es:

$$\widehat{V}(\widehat{Y}_s) = M^2 \sum_{i=1}^{n} \frac{M_i - m_i}{M_i} \cdot \left(\frac{1}{n^2 m_i}\right) S_i^2$$

donde

$$S_i^2 = \sum_{i=1}^{m_i} \frac{(y_{ij} - \overline{y}_{..i})^2}{m_i - 1}$$

La expansión elemental consiste en realizar un promedio con las unidades elementales y multiplicarlo por el total de unidades elementales M. Esta forma origina un estimador con una varianza alrededor de 10 veces más pequeñas que la del método de expansión simple, y una varianza similar a los métodos de razón y regresión. El lector debe comprender que los métodos con variables auxiliares pueden superar a una expansión elemental en la medida en que se tome una variable auxiliar de valores elementales, que tenga una correlación superior a 0.5 con la variable respuesta elemental.

4.4. Diseños pps

La sección de diseños muestrales abarca el estudio avanzado de los modelos de urna, que se pueden emplear en la realización del procedimiento de selección de muestras aleatorias con pesos desiguales empleando el método acumulativo. En este caso, presentaré esquemas generales de pesos desiguales que son muestreos *aleatorios donde los elementos y las muestras se obtienen con distintas probabilidades. Entre estos diseños, se encuentran cuatro grupos: los esquemas de muestreo directo pps, conformados por Hansen-Hurtwitz, Sanchez-Crespo y PPT con reemplazo y sin orden; los esquemas de muestreo directo pps con reemplazo depurado con orden y con reemplazo depurado sin orden; los esquemas de muestreo inverso pps con reemplazo con orden y muestreo inverso con reemplazo sin orden; y los esquemas de muestreo cualitativo negativo, entre los cuales aparecen el binomial negativo, el hipergeométrico negativo y el hiperbinomial negativo. En este caso, abordo algunas distribuciones ampliamente difundidas como la binomial (Esquema de Hansen-Hurtwitz) y la hipergeométrica (Esquema de Sanchez-Crespo); y otras distribuciones poco conocidas como la hiperbinomial (Esquemas PPT con reemplazo y sin orden) conocida como caso particular de la distribución beta binomial cuyos parámetros con enteros positivos da el modelo de urna de Polya con $c = 1$, la otra distribución relacionada por Polya en muestreo inverso es la binomial negativa (Caso de Polya inversa con $c = 0$), la distribución hipergeométrica negativa (Caso de Polya inversa con $c = -1$ y la distribución beta pascal cuyo caso particular es la hiperbinomial negativa (Caso de la distribución inversa de Polya con $c = 1$), y otros modelos propuestos aquí la binomial depurada (Esquema con reemplazo y con orden depurado), la hiperbinomial depurada (Esquema con reemplazo y sin orden depurado).*

El modelo de Polya puede ser consultado en las familias de distribuciones de probabilísticas de Almorza, Castaño y García (2001); y un artículo sobre muestreo de unidades no repetidas de Des Raj y Khamis (2015) , donde se presenta la estructura de la probabilidad del muestreo binomial depurado, pero en este trabajo presento el formato de conteo de reparto asociado a la distribución binomial depurada y su probabilidad como modelo de urna.

Todos los esquemas presentan un cómputo sencillo del estimador y su varianza, en términos de las probabilidades de inclusión π_i

para $i = 1, 2, ..., N$. Para mayor generalidad se hace mención de las propiedades más importantes de cada esquema.

4.4.1. Esquemas Tradicionales

Existen 4 modelos de urna que se estudiaron en la sección anterior bajo probabilidades iguales o muestreo aleatorio simple, estos constituyen el MAS con o sin reemplazo con o sin orden. En estos modelos se originan 3 modelos conocidos: el binomial, el hipergeométrico y el hiperbinomial correspondientes a casos particulares de Polya con probabilidades idénticas.

Ahora introduciré, esos 4 esquemas con probabilidades desiguales.

-Caso pps con Reemplazo con orden

Al abordar el muestreo pps con reemplazo con orden (Caso Hansen-Hurwitz) la distribución general del vector aleatorio $F = (F_1, F_2, ..., F_N)$ de variables indicadoras de la muestra aleatoria $X = (X_1, X_2, ..., X_n)$ es la Multinomial dada por

$$P(F = f) = \binom{n}{f_1, f_2, ..., f_N} p_1^{f_1} p_2^{f_2}...p_N^{f_N}$$

Donde $\sum\limits_{i=1}^{N} f_i = n$ y $\sum\limits_{i=1}^{N} p_i = 1$, donde $p_i = \frac{M_i}{N}$.

Ahora bien, F representa el vector que indica la cantidad de veces que aparece incluido cada valor de la población en la muestra de tamaño n. Los valores f_i toman valores $0, 1, 2, ..., n$. Como se observa, en Horvitz-Thompson (1952), este modelo se caracteriza por los siguientes hechos

- $E(F_i) = np_i$ para cada $i = 1, 2, ..., N$.

- $V(F_i) = np_i(1 - p_i)$ para cada $i = 1, 2, ..., N$.

- $Cov(F_i, F_j) = -np_i p_j$ para cada $i \neq j$.

- El estimador del total τ_x dado por $\widehat{X}_\pi = \sum\limits_{i=1}^{n} \frac{X_i}{np_i}$, conocido como estimador de Hansen-Hurwitz, es insesgado, con varianza $V(\widehat{X}_\pi) = \frac{\sigma_p^2}{n}$, donde $\sigma_p^2 = V\left(\frac{X_i}{p_i}\right)$ dada por $\sigma_p^2 = \sum\limits_{i=1}^{N} \left(\frac{X_i}{p_i} - \tau_x\right)^2 \times p_i$, y esta

se estima como $\widehat{V}(\widehat{X}_\pi) = \frac{S_p^2}{n}$, *donde* $S_p^2 = \frac{\sum\limits_{i=1}^{n}\left(\frac{x_i}{p_i} - \widehat{X}\right)^2}{n-1}$.

-Caso pps con Reemplazo sin orden

Al abordar el muestreo pps con reemplazo sin orden (Estimador hiperbinomial de Tilano, 2023) la distribución general del vector aleatorio $F = (F_1, F_2, ..., F_N)$ *de variables indicadoras de la muestra aleatoria* $X = (X_1, X_2, ..., X_n)$ *es la Hiperbinomial Multivariada dada por*

$$P(F = f) = \prod_{i=1}^{N} \frac{\binom{M_i}{f_i}_r}{\binom{N}{n}_r}$$

Donde $\sum\limits_{i=1}^{N} f_i = n$ *y* $\sum\limits_{i=1}^{N} M_i = N$.

Ahora bien, F *representa el vector que indica la cantidad de veces que aparece incluido cada valor de la población en la muestra de tamaño n. Los valores* f_i *toman valores* $0, 1, 2, ..., n$. *Como se observa este modelo se caracteriza por los siguientes hechos*

- $E(F_i) = np_i$ *para cada* $i = 1, 2, ..., N$.

- $V(F_i) = \frac{N+n}{N+1}np_i(1 - p_i)$ *para cada* $i = 1, 2, ..., N$.

- $Cov(F_i, F_j) = -\frac{N+n}{N+1}np_ip_j$ *para cada* $i \neq j$, *donde* $p_i = \frac{M_i}{N}$.

- *El estimador del total en muestreo con reemplazo sin orden es dado por* $\widehat{X}_\pi = \sum\limits_{i=1}^{n} \frac{X_i}{np_i}$, *conocido como estimador hiperbinomial de Tilano (2023) es insesgado, con varianza* $V(\widehat{X}_\pi) = \frac{N+n}{N+1}\frac{\sigma_p^2}{n}$, , *donde* $\sigma_p^2 = V\left(\frac{X_i}{p_i}\right)$ *dada por* $\sigma_p^2 = \sum\limits_{i=1}^{N} \left(\frac{X_i}{p_i} - \tau_x\right)^2 \times p_i$, *y esta se estima como* $\widehat{V}(\widehat{X}_\pi) = \frac{N+n}{N}\frac{S_p^2}{n}$, *donde* $S_p^2 = \frac{\sum\limits_{i=1}^{n}\left(\frac{x_i}{p_i} - \widehat{X}\right)^2}{n-1}$.

Este modelo se reduce al muestreo aleatorio simple con reemplazo sin orden cuando los M_i *son todos iguales; y forzosamente* $M_i = 1$ *para todos los valores de* $i = 1, 2, ..., N$.

En el caso de pesos desiguales los M_i, *algunos pueden ser positivos no enteros menores que 1 y otros no enteros mayores o iguales que 1.*

Por ejemplo, $\binom{0,5}{2}_r = \binom{0,5+2-1}{2}$, *al computar esto usamos la función gamma del siguiente modo*

$$\binom{1{,}5}{2} = \frac{\Gamma(2{,}5)}{\Gamma(3) * \Gamma(1{,}5 - 2 + 1)} = \frac{1{,}5 * 0{,}5}{2} = 0{,}375$$

La fórmula aplica para cualquier valor positivo, en este caso.

Este estimador aplica el modelo hiperbinomial debido al diseño con reemplazo sin orden a diferencia del binomial debido al diseño con reemplazo con orden.

-Caso pps sin Reemplazo

Imagine que se tiene una variable M_i, que contiene lo pesos asociados a una variable a estudiar $(0{,}06; 0{,}07; 1{,}0; 1{,}3; 1{,}4)$ y otra variable x_i con los valores $(12; 32; 23; 15; 54)$. En principio, se verifica que los pesos suman 3.83, que es el total de los pesos.

Ahora, la hipergeométrica multivariada que origina los pesos $p_i = \frac{M_i}{M}$ para $i = 1, 2, ..., N$, se define por ejemplo, si se quiere una muestra de $n = 3$ extraída con pesos desiguales; se define con valores M_i modificados a valores enteros 6, 7, 100, 130 y 140, para hacer posible la distribución se multiplican por 100 los valores llevando el mínimo a un valor mayor que n. Esta forma de distribución permite que el elemento se tome del siguiente modo, un tamaño de población de $M = 383$ y los M_i a partir de 6.

En este caso, se opta por repetir cada dato y la muestra se adapta a un procedimiento de reemplazo o repetición.

Al abordar el muestreo pps sin reemplazo bajo la hipergeométrica multivariada (Caso Sanchez- Crespo) la distribución general del vector aleatorio $F = (F_1, F_2, ..., F_N)$ de variables indicadoras de la muestra aleatoria $X = (X_1, X_2, ..., X_n)$ es la Hipergeométrica Multivariada dada por

$$P(F = f) = \frac{\Pi_{i=1}^{N} \binom{M_i}{f_i}}{\binom{M}{n}}$$

Donde $\sum_{i=1}^{N} f_i = n$ y $\sum_{i=1}^{N} p_i = 1$, donde $p_i = \frac{M_i}{M}$.

Ahora bien, F representa el vector que indica la cantidad de veces que aparece incluido cada valor de la población en la muestra de tamaño n. Los valores f_i toman valores $0, 1, 2, ..., n$. Como se ob-

serva, en [13], este modelo se caracteriza por los siguientes hechos

- $E(F_i) = np_i$ para cada $i = 1, 2, ..., N$.

- $V(F_i) = \frac{M-n}{M-1} np_i(1 - p_i)$ para cada $i = 1, 2, ..., N$.

- $Cov(F_i, F_j) = -\frac{M-n}{M-1} np_i p_j$ para cada $i \neq j$.

Este muestreo funciona como un esquema con reemplazo dando una varianza similar al método de Hansen-Hurwitz, debido a que en realidad las unidades se están tomando con reemplazo.

- El estimador del total τ_x dado por $\widehat{X}_\pi = \sum_{i=1}^{n} \frac{X_i}{np_i}$, conocido como estimador de Sanchez- Crespo, en [13], es insesgado, con varianza $V(\widehat{X}_\pi) = \frac{M-n}{M-1} \frac{\sigma_p^2}{n}$, donde $\sigma_p^2 = V\left(\frac{X_i}{p_i}\right)$ dada por $\sigma_p^2 = \sum_{i=1}^{N} \left(\frac{X_i}{p_i} - \tau_x\right)^2 \times p_i$, y esta se estima como $\widehat{V}(\widehat{X}_\pi) = \frac{M-n}{M} \frac{S_p^2}{n}$, donde $S_p^2 = \frac{\sum_{i=1}^{n}\left(\frac{x_i}{p_i} - \widehat{X}\right)^2}{n-1}$.

Se nota, en este caso, que para $M >>>>> n$, el factor de corrección puede omitirse, originando un esquema similar al de Hansen-Hurtwitz.

4.4.2. Esquemas Puros

Entre los esquemas puros sin reemplazamiento, se adopta el procedimiento de elegir máximo una vez cada unidad; y de este modo, se origina un muestreo sin repetición, en donde cada unidad de la población se incluye máximo una vez en la muestra.

Entre estos diseños están el diseño sin reemplazo con orden y el sin reemplazo sin orden.

Dentro de esta categoría de diseños puros o sin reemplazo estricto se encuentran los diseños de Horvitz-Thompson (1952) ; distintos del diseño sin reemplazo con orden de Sanchez-Crespo ya expuesto, que puede ser visto como un diseño con reemplazo, ya que admite que algunas unidades muestreadas aparezcan más de una vez en la muestra, como lo explica Horvitz-Thompson.

Los esquemas puros, aquí presentados, constituyen una aproxi-

                                          J. Tilano

mación hipergeométrica, es decir, se trabajan con las mismas expresiones de los modelos habituales ya presentados. Para ello, no se aplican procedimientos complejos, esto es, formulaciones computacionales de los pesos; sino, la expresión habitual.

Al leer, el mismo, se puede notar que el método sin reemplazo puro dejaba un vacío en la teoría como método que respondiera al caso sin reemplazo con pesos iguales. Por lo tanto, es factible que este diseño funcione bien tambien para pesos desiguales. Entonces, el caso sin reemplazo con orden y sin reemplazo sin orden, bajo pesos desiguales con cualquier variación, bajo proporción con la respuesta (esto se da tomando una variable de tamaño proporcional a la respuesta), es un caso hipergeométrico con parámetros N, n y M_i para $i = 1, 2, ..., N$. Estos M_i suman M, pero pueden reescribirse tomando $p_i = \frac{M_i}{M}$, de donde surgen las aproximaciones dadas a continuación.

Al leer se da la formulación Horvitz-Thompson, pero, el foco no está allí, sino en la aproximación hipergeométrica pura.

-Caso pps sin Reemplazo con orden HT

El caso sin reemplazo de Horvitz-Thompson (1952) utiliza distribuciones factoriales de los pesos.

La distribución general del vector aleatorio $F = (F_1, F_2, ..., F_n)$ de variables indicadoras de la muestra aleatoria ordenada $X = (X_1, X_2, ..., X_n)$ es la distribución factorial multivariada sin reemplazo (caso ordenado), dada por

$$P(X = x_i) = \frac{M_{1i}}{M} \times \frac{M_{2i}}{M - M_{1i}} \times ... \times \frac{M_{ni}}{M - M_{1i} - M_{2i} - ... - M_{(n-1)i}}$$

Donde $\sum_{j=1}^{K(n)} P(X = x_j) = 1$, $K(n) = \frac{N!}{(N-n)!}$ y $\sum_{i=1}^{N} M_i = M$ donde M_i son los pesos de la muestra, siempre positivos, que resultan diferentes a los π_i de cada variable indicadora.

Ahora bien, F representa el vector que indica la cantidad de veces que aparece incluido cada valor de la población en la muestra de tamaño n, que es una variable binaria por componentes, que toma *el valor 1 si el elemento está incluido y 0 si el elemento no está incluido. Los valores f_i toman valores 0 ó 1. Como se observa este modelo se caracteriza por los siguientes hechos*

- $E(F_i) = \pi_i$ *para cada* $i = 1, 2, ..., N$.
- $V(F_i) = \pi_i(1 - \pi_i)$ *para cada* $i = 1, 2, ..., N$.
- $Cov(F_i, F_j) = \pi_{ij} - \pi_i\pi_j$ *para cada* $i \neq j$, *donde* $\pi_i \neq \frac{nM_i}{M}$.

Como proponen varios autores, se tiene $\pi_i = P(F_i = 1)$, *si la muestra contiene el elemento i, entonces* $F_i = 1$; *esto es,* $\pi_i = \sum_{m=1}^{K(n)} F_i P_m^{(i)}$, *donde* $P_m^{(i)}$ *es la probabilidad de la muestra m que contiene el elemento i y* $\pi_i \neq np_i$. *Además,* π_{ij}, *es la probabilidad de inclusión simultánea de los individuos i y j dada por* $\pi_{ij} = \sum_{l=1}^{K(n)} F_{ij} P_l^{(ij)}$, *donde* $P_l^{(ij)}$ *es la probabilidad de la muestra l que contiene los elementos i y j.*

- *El estimador del total* τ_x *dado por* $\widehat{X}_\pi = \sum_{i=1}^{n} \frac{X_i}{\pi_i}$, *conocido como estimador de Horvitz-Thompson es insesgado, con varianza* $V(\widehat{X}_\pi) = \sum_{i=1}^{N} \frac{X_i^2 \pi_i(1-\pi_i)}{\pi_i^2} + 2\sum_{i=1}^{N-1} \sum_{j=i+1}^{N} \frac{X_i X_j(\pi_{ij}-\pi_i\pi_j)}{\pi_i\pi_j}$.

-*Caso pps sin Reemplazo sin orden HT*

Al abordar el muestreo pps sin reemplazo sin orden libre de factores de escala se produce un procedimiento mas simple similar a la hipergeométrica. La distribución general del vector aleatorio $F = (F_1, F_2, ..., F_n)$ *de variables indicadoras de la muestra aleatoria no ordenada* $X = (X_1, X_2, ..., X_n)$ *es la distribución multivariada sin reemplazo sin orden, dada por*

$$P(X = x) = \frac{\Pi_{i=1}^{n} M_{ix}}{\sum_{j=1}^{J(n)} \Pi_{k=1}^{n} M_{kj}}$$

Donde $\sum_{i=1}^{K(n)} P(X = x) = 1$, $K(n) = \frac{N!}{n!(N-n)!}$ *y* $\sum_{i=1}^{N} M_i = M$ *donde* M_i *son los pesos de la muestra que resultan diferentes a los* p_i *de cada variable indicadora.*

Ahora bien, F representa el vector que indica la cantidad de veces que aparece incluido cada valor de la población en la muestra de tamaño n, que es una variable binaria por componentes, que toma *el valor 1 si el elemento está incluido y 0 si el elemento no está incluido. Los valores f_i toman valores $0, 1$. Como se observa este modelo se caracteriza por los siguientes hechos*

- $E(F_i) = \pi_i$ para cada $i = 1, 2, ..., N$.

- $V(F_i) = \pi_i(1 - \pi_i)$ para cada $i = 1, 2, ..., N$.

- $Cov(F_i, F_j) = \pi_{ij} - \pi_i\pi_j$ para cada $i \neq j$, donde $\pi_i \neq \frac{nM_i}{M}$.

Como propone, se tiene $\pi_i = P(F_i = 1)$, si la muestra contiene el elemento i, entonces $F_i = 1$; esto es, $\pi_i = \sum\limits_{m=1}^{K(n)} F_i P_m^{(i)}$, donde $P_m^{(i)}$ es la probabilidad de la muestra m que contiene el elemento i y $\pi_i \neq np_i$. Además, π_{ij}, es la probabilidad de inclusión simultánea de los individuos i y j dada por $\pi_{ij} = \sum\limits_{l=1}^{K(n)} F_{ij} P_l^{(ij)}$, donde $P_l^{(ij)}$ es la probabilidad de la muestra l que contiene los elementos i y j.

- El estimador del total τ_x dado por $\widehat{X}_\pi = \sum\limits_{i=1}^{n} \frac{X_i}{\pi_i}$, conocido como estimador de Horvitz-Thompson es insesgado, con varianza

$$V(\widehat{X}_\pi) = \sum_{i=1}^{N} \frac{X_i^2\pi_i(1-\pi_i)}{\pi_i^2} + 2 \sum_{i=1}^{N-1} \sum_{j=i+1}^{N} \frac{X_iX_j(\pi_{ij}-\pi_i\pi_j)}{\pi_i\pi_j},$$

-Caso pps sin Reemplazo puro de Tilano

Al abordar el muestreo pps tomando $\pi_i = np_i$, sin reemplazo estricto, con o sin orden, se tiene que cada elemento aparece maximo una vez en la muestra. La aproximación se basa en la existencia de la función de probabilidad $p(s)$, no conocida, la cual, responde a un proceso sin reemplazo de n elementos del total N.

Este modelo se reduce al muestreo aleatorio simple sin reemplazo cuando los M_i son todos iguales; y forzosamente $M_i = 1$ para todos los valores de $i = 1, 2, ..., N$.

En el caso de pesos desiguales los M_i, algunos pueden ser positivos no enteros menores que 1 y otros no enteros mayores o iguales que 1.

Para el caso de muestreo puro sin reemplazo con orden con pesos desiguales se toma $\pi_i = np_i$ y $\pi_{ij} = -\frac{N-n}{N-1}np_ip_j$ en cuyo caso se aproximan los pesos del estimador como $p_i = \frac{nM_i}{M}$ iguales a los pesos convencionales y su varianza, bajo la distribución hipergeométrica, por aproximación, se estima como $\widehat{V}(\widehat{X}_\pi) = \frac{N-n}{N}\frac{S_p^2}{n}$, donde $S_p^2 = \dfrac{\sum\limits_{i=1}^{n}\left(\frac{x_i}{p_i}-\widehat{X}\right)^2}{n-1}$.

En el ejemplo, se usó esta formulación y arrojó los mejores resultados, con la ventaja que es de fácil cómputo.

Esta aproximación es el Estimador puro de Tilano con orden (2023), que es válido cuando los pesos son proporcionales a la respuesta. Es bueno comparar las varianzas obtenidas con pesos desiguales con la varianza del M.A.S, para tener un referente de comparación y así tomar una mejor decisión al inclinarse por uno o varios de los estimadores.

El uso de esquemas puros con el estimador de Tilano (2023) proporciona una mayor simplicidad en el procesamiento de los datos y la obtención de resultados óptimos.

Se puede hacer notar que si se extraen todas las M_i de una vez, al extraer el elemento i, la esperanza de $\frac{(M-nM_i)}{M}$ es $\frac{(N-n)}{N}$, que hace viable un esquema puro como el estimador de Tilano (2023).

Esta estrategia funciona por el hecho de que el muestreo sin reemplazo tiene más piezas independientes que el muestreo con reemplazo; por lo tanto, todo muestreo sin reemplazo puede ser visto como un muestreo con reemplazo con mayor cantidad de datos. A esto se le suma que la estrategia sin reemplazo es más eficiente aportando una inferencia más precisa y con mejores propiedades.

Si cada cociente $\frac{y_i}{\pi_i}$ resulta homogeneo su promedio hereda la uniformidad y el hecho de que sea un muestreo aleatorio con o sin reemplazo resulta siempre una distribución convergente; por lo que, una condición favorable a este procedimiento es que los valores de la respuesta sean proporcionales a los pesos, como se detalla en Cochran.

En el ejemplo, se usó esta formulación y arrojó los mejores resultados, con la ventaja que es de fácil cómputo.

Esta aproximación es el Estimador puro de Tilano sin orden (2023), que es válido bajo las mismas condiciones descritas bajo el Estimador puro de Tilano con orden (2023).

Por ejemplo, tomese los M_i como pesos $M_i = c(0,85; 0,9; 0,95; 1,3)$, *donde los pesos suman $N = 4$. Ahora se toma la muestra sin reemplazo de $n = 3$ para mayor simplicidad (la distribución hipergeométrica no aplica directamente con valores no enteros).*

$s = c(i,j,k)$	$p(s)$
$c(1,2,3)$	0.025
$c(1,2,4)$	0.2875
$c(1,3,4)$	0.325
$c(2,3,4)$	0.3625

Al desarrollar la fórmula los pesos dan $\pi_i = np_i$, bajo $p(s)$.

El estimador es insesgado, y su varianza teórica da diferente a la varianza real con un error porcentual de $-2{,}78\,\%$, bastante precisa. A partir de aquí, queda la idea de que los pesos π_i en el muestreo sin reemplazo $\binom{N}{n}$ son engendrados por una función $p(s)$ desconocida, la cual origina el insesgamiento del estimador y su varianza teórica.

La función $p(s)$ presenta igual cantidad de valores a encontrar que la combinación y sus ecuaciones son $N + 1$; un sistema con más incognitas que ecuaciones, salvo en $n = N - 1$ como en el ejemplo.

Teorema de Existencia

En general, para cualquiera distribución de probabilidad $p(s)$, del muestreo sin reemplazo, definida en el conjunto de Muestras $\binom{N}{n}$, aparecen valores únicos π_i, tales que $0 \leq \pi_i \leq 1$ y $\sum\limits_{i=1}^{N} \pi_i = n$, y estas producen estimadores insesgados y con la varianza teórica.

Demostración

Sea $p(s)$ una función de probabilidad de muestras posibles bajo el estimador sin reemplazo y sin orden. Se tiene que para $K = \binom{N}{n}$, $\sum\limits_{i=1}^{K} p(s_i) = 1$.

Ahora bien, el valor $\pi_r = \sum\limits_{m=1}^{k_1} p(s_{mr})$, donde $p(s_{mr})$ es la m-esima probabilidad que incluye el elemento r y $k_1 = \frac{n \times K}{N}$. Luego, como $k1 < K$, se tiene que $0 \leq \pi_r \leq 1$.

Además, $\sum\limits_{r=1}^{N} \pi_r = \frac{N \times k_1}{K}$, por lo que $\sum\limits_{r=1}^{N} \pi_r = n$.

Debido a que las sumas son únicas una vez conocida la distribución
$p(s)$, se tiene la demostración.

Ahora, por el esquema de Horvitz-Thompson se tiene que el
$\pi-$estimador es insesgado del cual se define la varianza teórica
sin cuestionar sus propiedades en el momento.

Teorema Recíproco

Suponga que $\pi_i = np_i$, existe una función de probabilidad única
$p(s)$ que engendra los valores π_i para $i = 1, 2, ..., N$.

Demostración

Si $0 \leq \pi_i \leq 1$, para $i = 1, 2, ..., N$ únicos con las propiedades ex-
puestas de que $\sum\limits_{r=1}^{N} \pi_r = n$, bajo muestreo sin reemplazo, entonces,
$\pi_r = \sum\limits_{m=1}^{k_1} p(s_{mr})$ para $r = 1, 2, ..., N$, forman N ecuaciones con
K incognitas, donde $K > N$. Teoricamente, el sistema tiende a
infinitas soluciones, a simple vista.

Imagine K valores arbitrarios que se eligen de tal forma que sumen
1. Es muy complicado demostrar que $p(s)$ existe y es única, ya
que si $p(s)$ y $p'(s)$ son funciones de probabilidad del muestreo sin
reemplazo que engendran los π_r, unicos, entonces estas funciones
tendrían algunos valores diferentes, y sin ningun problema serían
funciones de probabilidad y engendrarían π_r únicos y específicos.
Ahora bien, si $p(s) \neq p'(s)$, cabe duda por construcción si existi-
rían algún $\pi_r \neq \pi'_r$, por lo que es incierto que dos funciones de
probabilidad que engendran los mismos pesos, deban de ser nece-
sariamente iguales. El problema está en que esa función existe,
pero no es única.

No podemos asegurar que tomar los pesos de la forma tradicional
sea una forma viable, en el muestreo sin reemplazo, pero al tomar
un número de funciones que engendran pesos variables, el resulta-
do simulado muestra que la aproximación es válida.

De este modo, retomando la idea de tomar los pesos con variable
auxiliar proporcional a la respuesta, es una cuestión intrínseca
que el método es óptimo al igual que su varianza teórica.

Cosideremos $\pi_i = c(0{,}3; 0{,}5; 0{,}6; 0{,}7; 0{,}9)$, los pesos específicos del

diseño sin reemplazo sin orden con $N = 5$ y $n = 3$, pues se tienen
5 pesos y estos suman 3. Al formar el sistema de 6 ecuaciones
con 10 incognitas, se encuentran infinitas soluciones, pero restrin-
giendo a probabilidades (que son siempre positivas, se encuentran
diversas soluciones), pero estas son similares.

Una solución encontrada es

$p(s) = c(0,04; 0,001; 0,005; 0,054; 0,019; 0,085; 0,156; 0,15; 0,23; 0,26)$

Con cualquier respuesta, el método es insesgado, pero con valores
de pesos proporcionales a la respuesta el estimador es óptimo, es
decir, tanto insesgado como eficiente.

De este modo, se espera que para cada vector de pesos se pueda
encontrar al menos una f.d.p bien definida. Se origina con esto
un estimador insesgado y una varianza teórica bastante próxima a
la varianza real (se ve que este método funciona bien).

Además, las probabilidades $p(s)$, siguen una proporción que tiene
en cuenta los pesos específicos.

En consecuencia, el estimador puro de Tilano, puede ser de utili-
dad para simplificar las cosas.

Como ejemplo ilustrativo, se origina la respuesta $y_i = c(23, 34, 43, 56, 62)$;
el valor esperado del total es 218 (correspondiente a la suma de los
valores), su varianza real es 25.73 y la varianza teórica es 31.83.

La matriz del sistema de ecuaciones sin reemplazo es

ec.	p_1	p_2	p_3	p_4	p_5	p_6	p_7	p_8	p_9	p_{10}	b
1	1	1	1	0	1	1	0	1	0	0	0.3
2	1	1	0	1	1	0	1	0	1	0	0.5
3	1	0	1	1	0	1	1	0	0	1	0.6
4	0	1	1	1	0	0	0	1	1	1	0.7
5	0	0	0	0	1	1	1	1	1	1	0.9
6	1	1	1	1	1	1	1	1	1	1	1

No es posible armar por ejemplo en una población de $N = 100$,
con una muestra sin reemplazo de $n = 30$, ya que se tendrían
$K = 2,93723 \times 10^{25}$ incognitas correspondientes a las muestras

con 100 ecuaciones de las probabilidades de inclusión; para fortuna, este sistema de ecuaciones no se necesita resolver, lo importante es saber que existe una solución que origina estimaciones óptimas, tanto para el total como para su varianza teórica.

Es por eso, que los estimadores funcionan bien en las diferentes simulaciones realizadas.

En general, todos los estimadores con pesos desiguales fallan cuando los pesos difieren y no hay una proporción directa entre los pesos y la respuesta. El error estándar puede aumentar mas de 1000 veces sobre el estimador M.A.S, este es el indicador para rechazar las estimaciones hechas con pesos desiguales.

Queda claro, que no se rechazan las estimaciones de pesos desiguales porque aunque los pesos difieran; si existe la proporción señalada los estimadores de pesos desiguales son óptimos, esto es, insesgados y eficientes.

4.4.3. Esquemas depurados

Cuando un elemento o individuo se repite más de una vez, se tiene una muestra directa con reemplazo, que aunque sea aleatoria presenta información redundante. Se define el esquema depurado como aquel en el que cada individuo o elemento se deja una sola vez en la muestra; esto es, se hace omisión de las repeticiones.

Para crear una muestra de tamaño n, igual que los anteriores casos, lo que se debe hacer es encontrar un valor $u < n$, tal que , n resulta ser el tamaño de muestra, para el esquema con reemplazo y con orden.

Entre los esquemas depurados se pueden definir 3 especialmente: el caso binomial depurado, el caso hiperbinomial depurado y el caso Sanchez-Crespo depurado. Estas tres estructuras dan lugar a los estimadores binomial depurado, hiperbinomial depurado e hipergeométrico depurado. El caso binomial depurado aparece en el trabajo de Des Raj y Salem H. Khamis, 2015; pero aquí se usa una formulación del diseño general correspondiente al muestreo aleatorio con reemplazo con orden con pesos desiguales, bajo la condición de equilibrio.

-*Caso binomial depurado*

Al tomar el diseño de Hansen-Hurwitz, se aplica el muestreo con reemplazo y con orden, bajo la distribución multinomial. Ahora bien, si se hace omisión de los valores redundantes dejando sólo uno en la muestra de cada valor repetido (esto es, no se elimina por completo el elemento); entonces, cada elemento aparece máximo una vez en la muestra, y la distribución del indicador es

$$P(F_i = f_i) = \left(1 - \left(1 - \frac{M_i}{M}\right)^n\right)^{f_i} \times \left(\left(1 - \frac{M_i}{M}\right)^n\right)^{1-f_i}$$

para $f_i = 0, 1$; $i = 1, 2, ..., N$; donde $f_i = 1$ cuando el elemento i aparece al menos una vez en la muestra con reemplazo y con orden.

Se tienen los siguientes hechos

$$\pi_i = E(F_i) = 1 - \left(1 - \frac{M_i}{M}\right)^n$$

$$V(F_i) = \left(1 - \left(1 - \frac{M_i}{M}\right)^n\right) \times \left(1 - \frac{M_i}{M}\right)^n$$

$$\pi_{ij} = 1 - \left(1 - \frac{M_i}{M}\right)^n - \left(1 - \frac{M_j}{M}\right)^n + \left(1 - \frac{M_i}{M} - \frac{M_j}{M}\right)^n$$

- El estimador del total τ_x dado por $\widehat{X}_\pi = \sum_{i=1}^{u} \frac{X_i}{\pi_i}$, conocido como estimador binomial depurado de Tilano (2023) es insesgado, con varianza aproximada estimada como $\widehat{V}(\widehat{X}_\pi) = \left(\sum_{i=1}^{N} \pi_i \times \frac{2N-n}{2N}\right) Var\left(\frac{X_i}{\pi_i}\right)$

-*Caso hiperbinomial depurado*

Al tomar el diseño hiperbinomial de Tilano (2023), se aplica el muestreo con reemplazo y sin orden, bajo la distribución hiperbinomial multivariada. Ahora bien, si se hace omisión de los valores redundantes dejando sólo uno en la muestra de cada valor repetido (esto es, no se elimina por completo el elemento); entonces, cada elemento aparece máximo una vez en la muestra, y la distribución del indicador es

$$P(F_i \geq 1) = \left(1 - \frac{\Gamma\left(M + n - M_i\right)\Gamma(M)}{\Gamma\left(M - M_i\right)\Gamma(M + n)}\right)$$

$$P(F_i = 0) = \left(\frac{\Gamma\left(M + n - M_i\right)\Gamma(M)}{\Gamma\left(M - M_i\right)\Gamma(M + n)}\right)$$

para $i = 1, 2, ..., N$.

Se tienen los siguientes hechos

$$\pi_i = E(F_i) = \left(1 - \frac{\Gamma\left(M + n - M_i\right)\Gamma(M)}{\Gamma\left(M - M_i\right)\Gamma(M + n)}\right)$$

$$V(F_i) = \left(1 - \frac{\Gamma\left(M + n - M_i\right)\Gamma(M)}{\Gamma\left(M - M_i\right)\Gamma(M + n)}\right) \times \left(\frac{\Gamma\left(M + n - M_i\right)\Gamma(M)}{\Gamma\left(M - M_i\right)\Gamma(M + n)}\right)$$

$$\pi_{ij} = 1 - \left(\frac{\Gamma(M+n-M_i)\Gamma(M)}{\Gamma(M-M_i)\Gamma(M+n)}\right) - \left(\frac{\Gamma(M+n-M_j)\Gamma(M)}{\Gamma(M-M_j)\Gamma(M+n)}\right) +$$
$$\left(\frac{\Gamma(M+n-M_i-M_j)\Gamma(M)}{\Gamma(M-M_i-M_j)\Gamma(M+n)}\right)$$

- El estimador del total τ_x *dado por* $\widehat{X}_\pi = \sum\limits_{i=1}^{u} \frac{X_i}{\pi_i}$, *conocido como estimador hiperbinomial depurado de Tilano (2023) es insesgado, con varianza aproximada estimada como* $\widehat{V}(\widehat{X}_\pi) = \left(\sum\limits_{i=1}^{N} \pi_i \times\right) Var\left(\frac{X_i}{\pi_i}\right)$

-Caso hipergeométrico depurado

Al tomar el diseño hipergeométrico ordenado de Sanchez-Crespo, que corresponde a un muestreo con reemplazo de menor redundancia, bajo la distribución hipergeométrica multivariada; y hacer omisión de los valores redundantes dejando sólo uno en la muestra de cada valor repetido (esto es, no se elimina por completo el elemento); entonces, cada elemento aparece máximo una vez en la muestra, y la distribución del indicador es la hipergeométrica depurada

$$P(F_i \geq 1) = \left(1 - \frac{\Gamma\left(M - M_i + 1\right)\Gamma(M - n + 1)}{\Gamma\left(M - M_i - n + 1\right)\Gamma(M + 1)}\right)$$

$$P(F_i = 0) = \frac{\Gamma\left(M - M_i + 1\right)\Gamma(M - n + 1)}{\Gamma\left(M - M_i - n + 1\right)\Gamma(M + 1)}$$

para $i = 1, 2, ..., N$.

Se tienen los siguientes hechos

$$\pi_i = E(F_i) = \left(1 - \frac{\Gamma(M - M_i + 1)\,\Gamma(M - n + 1)}{\Gamma(M - M_i - n + 1)\,\Gamma(M + 1)}\right)$$

$$V(F_i) = \left(1 - \frac{\Gamma(M-M_i+1)\Gamma(M-n+1)}{\Gamma(M-M_i-n+1)\Gamma(M+1)}\right) \times \frac{\Gamma(M-M_i+1)\Gamma(M-n+1)}{\Gamma(M-M_i-n+1)\Gamma(M+1)}$$

$$\pi_{ij} = 1 - \frac{\Gamma(M-M_i+1)\Gamma(M-n+1)}{\Gamma(M-M_i-n+1)\Gamma(M+1)} - \frac{\Gamma(M-M_j+1)\Gamma(M-n+1)}{\Gamma(M-M_j-n+1)\Gamma(M+1)} +$$
$$\left(\frac{\Gamma(M-M_i-M_j+1)\Gamma(M-n+1)}{\Gamma(M-M_i-M_j-n+1)\Gamma(M+1)}\right)$$

- El estimador del total τ_x dado por $\widehat{X}_\pi = \sum\limits_{i=1}^{u} \frac{X_i}{\pi_i}$, conocido como estimador hipergeométrico depurado de Tilano (2023) es insesgado, con varianza aproximada estimada como

$$\widehat{V}(\widehat{X}_\pi) = \left(\sum\limits_{i=1}^{N} \pi_i \times \left(1 - \frac{2n}{2N+M}\right)\right) Var\left(\frac{X_i}{\pi_i}\right)$$

Por lo tanto, la varianza estimada, sigue una estructura simple, en todos los diseños, y se entiende que cada formato general contiene la forma de probabilidades iguales. Además, en estos casos, la varianza del estimador de pesos desiguales, será siempre positiva.

*Ejemplo **4.9** A continuación se encaja un ejemplo de los estimadores de pesos desiguales descritos anteriormente, con pesos muy similares. En el siguiente cuadro se muestra un resumen de los resultados.*

Estimador	$\widehat{Y}_\pi$	$\widehat{V}\left(\widehat{Y}_\pi\right)$	$\widehat{ee}\left(\widehat{Y}_\pi\right)$	L_i	L_s
SANCHEZ-C	9884,27	44418,75	210,76	9382,67	10385,87
TILANO-SR	9759,27	22910,16	151,36	9399,03	10119,51
HANSEN-H	9884,27	44441,54	210,81	9382,54	10386,00
HB-TILANO	9890,18	59917,41	244,78	9307,60	10472,76
TILANO-BDP	9886,9	32152,23	179,31	9460,14	10313,66
TILANO-HBD	9888,8	42886,3	207,09	9395,93	10381,67

Como se había comentado antes, el estimador de Sanchez-Crespo es similar al estimador de Hansen-Hurwitz, debido a que la muestra responde a un diseño con reemplazo.

Por otro lado, el estimador sin reemplazo puro es sesgado, pero, con la estimación de holgura (puntaje 2.38 al 95 %), no suele ser importante el sesgo.

Tambien, la hipergeométrica pura, donde aparece un diseño inverso de retirar todas las repetidas que se van seleccionando hasta completar n unidades sin repetición. Este método tendría una aproximación interesante que aplica el mismo estimador de Sanchez-Crespo, pero ahora con un factor de corrección por población finita $\frac{N-n}{N}$. Al dirigir la atención a este resultado, se observa que la muestra está libre de repeticiones; es una muestra sin reemplazo y puede aproximarse su factor de corrección, siguiendo el esquema mixto de Sanchez-Crespo y Gabeiras (1987).

Por su parte, el hiperbinomial presenta mayor varianza porque su factor de corrección es mayor que 1, esto es, el estimador de Hansen-Hurwitz y el estimador de Sanchez- Crespo; y los estimadores puros sin reemplazo, ya sea Horvitz-Thompson o cualquier esquema depurado es más eficiente que este estimador.

No obstante, el hiperbinomial depurado puede superar los métodos con reemplazamiento, pero el binomial depurado ocupa el segundo lugar de la eficiencia después de un estimador puro sin reemplazamiento, como aquí se está mostrando claramente.

Los cuatro primeros estimadores usan probabilidades de inclusión proporcionales a los pesos, que sería el formato simple. Los dos últimos conocidos como estimadores depurados no usan los pesos en el sentido básico sino ya como el caso de dar el valor 1 a la inclusión de al menos una vez. Por lo tanto, se aplica el concepto de depuramiento dejando cada elemento máximo una vez. El binomial depurado es mejor que el hiperbinomial depurado.

En orden de mayor a menor eficiencia, tenemos el estimador sin reemplazo puro de Tilano (2023), el estimador binomial depurado de Tilano (2023), el estimador hiperbinomial depurado de Tilano (2023), el estimador de Sanchez-Crespo (1977), luego el estimador con reemplazamiento de Hansen-Hurwitz (1943) y por último, el hiperbinomial de Tilano (2023) que corresponde a una muestra con reemplazo sin orden. Los cálculos de estos estimadores tienen un fin comparativo, para indicar que bajo el principio de aleatorización aquí aplicado, los resultados son óptimos. El uso de pesos proporcionales a la respuesta, hace viable estos resultados; si no es el caso, resulta poco controlable la variación, lo cual produce estimaciones imprecisas y con alta variación en los cuales el parámetro no queda dentro de los intervalos de confianza. En esos casos es mejor usar M.A.S.

Ejemplo **4.10** *Las calificaciones finales de Física de una población de 1300 estudiantes han dado un promedio de 3.3. De acuerdo con una muestra aleatoria simple sin reemplazo de 130, tomada en 2020; se desea estimar la calificación promedio de Estadística. Obtenga una estimación intervalar al 95 % de confianza usando un estimador de razón. Bajo el supuesto de muestreo aleatorio simple el pi-estimador es sesgado como se encuentra en los estudios de Mayor Gallego, a cerca de los estimadores de razón, y por eso se propone la estimación de razón bajo MAS.*

Tenga en cuenta que $\bar{x} = 3{,}360769$, $\bar{y} = 3{,}266154$, $s_x^2 = 0{,}2572862$, $s_y^2 = 0{,}2121789$ *y* $s_{xy} = 0{,}1902123$.

Solución

De acuerdo, con el esquema de razón, se tiene que

$$\bar{y}_r = \left(\frac{\sum\limits_{i=1}^{n} y_i}{\sum\limits_{i=1}^{n} x_i} \right) \mu_x = \frac{3{,}266154}{3{,}360769} * 3{,}3 = 3{,}207096$$

$$S_r^2 = s_y^2 - 2\widehat{R} * s_{xy} + \widehat{R}^2 * s_x^2$$

$$S_r^2 = 0{,}2121789 - 2\left(\frac{3{,}266154}{3{,}360769}\right) * 0{,}1902123 + \left(\frac{3{,}266154}{3{,}360769}\right)^2 * 0{,}2572862$$

$$S_r^2 = 0{,}08546782$$

$$\widehat{V}\left(\overline{y}_r\right) = \frac{S_r^2 * (1-f)}{n\overline{x}^2}\mu_x^2 = 0{,}00057$$

$$L_i = \overline{y}_r - 1{,}96 * \sqrt{\widehat{V}\left(\overline{y}_r\right)}$$

$$L_s = \overline{y}_r + 1{,}96 * \sqrt{\widehat{V}\left(\overline{y}_r\right)}$$

$$L_i = 3{,}207096 - 1{,}96 * \sqrt{0{,}00057} = 3{,}160$$

$$L_s = 3{,}207096 + 1{,}96 * \sqrt{0{,}00057} = 3{,}254$$

Este resultado abarca una estimación muy eficiente debido a que el estimador bajo proporcionalidad es óptimo.

La idea de insertar este problema es mostrar que si la muestra es simple y aleatoria no se está seleccionando con probabilidades desiguales aunque se tenga una variable de distintos pesos en x.

Además si los pesos son proporcionales a la variable respuesta los estimadores de pesos desiguales originan excelentes resultados. De este modo, el esquema simple también es válido, pero son distintos diseños.

4.5. $\pi - Estimadores$

En esta sección trato con la idea de abordar los estimadores de los capítulos 1 al 3, de diseños polietápicos bajo la selección aleatoria con pesos desiguales. El primer estimador ideal es el estimador de expansión simple corregido, seguido de los otros estimadores ilustrados.

La metodología aportada en el capítulo 4, se usa en este capítulo para abordar los esquemas generales de urna bajo los diseños con y sin reemplazo, con y sin depuramiento.

Sin duda alguna, se resalta la importancia de los trabajos de Hansen-Hurwitz (1943), Horvitz-Thompson (1952) y Sanchez-Crespo (1977), mencionados en el trabajo de Ruiz-Espejo (1988).

4.5.1. Expansión

El método de expansión de totales tal como se definió en el capítulo 1 es sesgado, bajo muestras de pesos proporcionales a los tamaños de conglomerados, y para corregir el sesgo de este estimador se parte de la propuesta de los estimadores con pesos desiguales como se mencionó en el preámbulo. Para ello, se establece que si de la primera etapa se toma la muestra aleatoria de n conglomerados del total N, y de cada conglomerado se muestrean aleatoriamente m_i de M_i unidades elementales que constituyen los valores de la variable; entonces, se tiene que para $i = 1, 2, ..., N$; p_i se asocia a la probabilidad de peso sobre el conglomerado i; pero, esta cantidad depende de productos de combinaciones, para calcular las probabilidades de inclusión del π-Estimador, como se muestra en el ejemplo.

Por lo tanto, la metodología expuesta en este texto, abarca una manera de resolver el problema de los pesos bajo MAS en cada etapa.

No se garantiza el éxito con el estimador de expansión simple, pero, se puede recurrir a los esquemas con pesos desiguales, aportado por una variable de tamaño, como ya se comentó en el capítulo 4, sección 4.

Si se tiene algún interés sobre la estructura de la expansión corregida, esta quedaría como

$$\widehat{Y}_c = \sum_{i=1}^{n} \frac{\widehat{Y}_i}{np_i}.$$

Ejemplo 4.11 Suponga que se desea tomar una muestra aleatoria de dos etapas, tomando $n = 4$ unidades primarias de $N = 6$ cuyos totales insegados se dan en la siguiente tabla.

Estudie la forma del estimador de Expansión Simple corregido.

M_i	m_i	C_i	$\widehat{Y}_i$
12	5	792	1680
13	4	715	2448
15	3	455	3528
17	7	19448	6540
16	8	12870	4780
19	6	27132	9000

En esta tabla, aparecen los insumos principales: M_i tamaño de conglomerado i, m_i tamaño de muestra conglomerado i, C_i número de formas de elegir m_i unidades de M_i de acuerdo al tipo de muestreo (en este muestreo sin reemplazo sin orden $C_i = \binom{M_i}{m_i}$ y $\widehat{Y}_i$ total insesgado que es tambien en promedio, el total del conglomerado i. Ahora, se tienen bajo muestreo sin reemplazo sin orden $K = \binom{N}{n}$, esto es, 15 estimaciones del total.

Por lo tanto, las probabilidades de las 15 muestras se dan como $P(s) = \dfrac{\prod_{i=1}^{n} C_{is}}{\sum\limits_{k=1}^{K} \prod_{i=1}^{n} C_{ik}}$, donde el subíndice s se aplica a la muestra particular y k es el índice de la suma de las muestras.

Ahora bien, $\pi_i = \sum_{s=1}^{K} F_s^i P(s)$, donde F_s^i representa el indicador que toma el valor 1 si el elemento i está en la muestra y 0 si el elemento i no está en la muestra. También, $P(s)$ representa la probabilidad de una muestra s.

Esto da la siguiente tabla

J. Tilano

$P(s)$	$\widehat{Y}_s$
0,0003	30157,75
0,0002	28421,52
0,0005	32613,79
0,0096	21747,29
0,0203	25939,57
0,0134	24203,34
0,0061	29020,8
0,0129	33213,08
0,0085	31476,85
0,3646	24802,62
0,0055	31317,15
0,0116	35509,42
0,0077	33773,19
0,3292	27098,97
0,2095	34372,48

Con ayuda del software se obtienen las probabilidades de inclusión y los insumos del π-estimador. Esto se resume a continuación

π_i	$\widehat{Y}_i$	$\frac{\widehat{Y}_i}{\pi_i}$
0,436	1680	3848,98
0,398	2448	6145,32
0,263	3528	13418,84
0,97	6540	6744,61
0,954	4780	5008,38
0,978	9000	9200,65

Al tomar $\widehat{Y}_s = \sum\limits_{i=1}^{n} \frac{\widehat{Y}_i}{\pi_i}$, se obtienen los valores de los 15 totales y finalmente

$$\sum_{s=1}^{K} \widehat{Y}_s P(s) = \sum_{i=1}^{N} Y_i$$

Con este ejemplo, se muestra el estimador de Expansión simple corregido.

Sólo dando los pesos precisos, como aquí se calcularon, este estimador es insesgado, de otra manera, el estimador de Expansión Simple es sesgado.

4.5.2. Esquemas

Suponga que la variable elemental x aparece anidada en N conglomerados con un total $M = M_1 + M_2 + ... + M_N$, si para cada valor de x se establece un peso q; entonces la estimación del total de x, que es el parámetro $\tau_x = \sum_{k=1}^{M} x_k$, se puede definir con la metodología del π-Estimador, pero sería nuevamente afectada por los agrupamientos y combinaciones de distintos tamaños. Por esta razón, se cree que el cómputo de las muestras complejas se le puede dar un tratamiento simple a través de los supuestos brindados especialmente en los capítulos 2 y 3.

Para establecer las ideas generales del uso de información auxiliar, hasta el momento se ha estudiado el caso bivariado elemental, es decir, cualquier muestreo donde se cuente con información auxiliar y respuesta en la última etapa. El capítulo complejos II abarca el caso en el que se tiene pariedad elemental, y allí se estudian diseños de expansión a partir de variables elementales.

Se sabe que el formato tradicional de muestreo auxiliar se construye en muchos casos trabajando con las unidades primarias. En este capítulo se trabaja con unidades primarias, pero sus formatos de expansión no van a ser definidos de la forma tradicional, que produce resultados sesgados, sino el formato de expansión elemental que parte del supuesto de que los conglomerados dentro de la unidad primaria tienen media única, la cual, se expande según el tamaño de la unidad primaria, en cuanto a cantidad de valores elementales.

Suponga que se mide una muestra aleatoria bietápica eligiendo las unidades primarias con pesos proporcionales a una variable x que refleja un total de unidades primarias. Además, se sabe que τ_x es el total auxiliar de las unidades primarias. Entonces, el *estimador de pesos desiguales del total de la respuesta viene dado por $\widehat{Y}_\pi = \frac{1}{n} \sum_{i=1}^{n} \frac{Y_i}{p_i}$, donde $p_i = \frac{x_i}{\tau_x}$, y los valores Y_i representan los totales de cada conglomerado i.*

La varianza sigue el estimador de los pesos desiguales ya visto.

4.6. Problemas

(1) *Compare el estimador* $\widehat{Y}_t = N\widehat{\overline{M}}\,\dfrac{\sum\limits_{i=1}^{n_t} y_i}{n_t}$ *con el estimador de expansión simple*

(2) *Compare el sesgo del estimador de expansión elemental y el del estimador de razón univariable.*

(3) *Compare las varianzas de los estimadores comparados en el problema 1.*

(4) *Consiga una muestra univariable de dos etapas y con ella, haga estimaciones del total por expansión elemental, expansión simple y estimador de razón univariable.*

(5) *Explique el sesgo del estimador de expansión simple.*

(6) *Compare el sesgo del estimador de expansión elemental y el del estimador de razón bivariable.*

(7) *Compare las varianzas de los estimadores comparados en el problema 1.*

(8) *Consiga una muestra bivariable de dos etapas y con ella, haga estimaciones del total por expansión elemental, expansión simple y estimador de razón y de regresión bivariables elementales.*

(9) *Explique el sesgo del estimador de razón bivariable elemental y su varianza respecto a otros estimadores. Exprese condiciones para que este sea un buen estimador.*

(10) *¿Cuáles son las ventajas de trabajar con las unidades elementales y no con unidades primarias?*

(11) *Compare el tamaño de muestra del estimador de expansión elemental y el del estimador de razón bivariable elemental. Exprese sus puntos de comparación.*

(12) *Consiga una muestra bivariable polietápica y estime los totales y las varianzas de los estimadores comparados en el problema 1.*

(13) *Consiga una muestra bivariable y estratificada de dos etapas y con ella, haga estimaciones de los tamaños de muestra para estimar el total por expansión elemental, estimador de razón y de regresión bivariables elementales.*

(14) *Explique el tamaño de muestra estratificada y polietápica.*

(15) *¿Cuáles son las ventajas de trabajar con las unidades elementales y no con unidades primarias en la estimación del tamaño de muestra?*

(16) *Se recogen datos de la población de 10 y 11 desde 2011 hasta 2013 en $N = 12$ grupos de estudiantes que arrojan un total de 327.*

A continuación se desea tomar una muestra aleatoria exhaustiva de los 12 grupos con la siguiente información.

La muestra contiene las variaciones de cada grupo, y en ella se detallan los principales datos para medir la muestra.

Estime el tamaño de muestra empleando un nivel de confianza del 98 % y un error absoluto del total de 50 puntos.

Grupo	Inferior	superior	M_i	S_i^2
1	1	27	27	0.66
2	28	51	24	0.55
3	52	78	27	0.43
4	79	105	27	0.44
5	106	132	27	0.69
6	133	158	26	0.72
7	159	187	29	0.5
8	188	210	23	0.53
9	211	243	33	0.59
10	244	271	28	0.51
11	272	299	28	0.62
12	300	327	28	0.55

Método	Parámetro	Varianza individuales	Con reemplazo
M.A.S	μ_y	$S_y^2 = \dfrac{\sum_{i=1}^{n}(y_i-\bar{y})^2}{n-1}$	$n_0 = \dfrac{Z_{1-\alpha/2}^2 S_y^2}{\varepsilon_a^2}$
M.A.S	p	$S_y^2 = \dfrac{n}{n-1}\widehat{p}(1-\widehat{p})$	$n_0 = \dfrac{Z_{1-\alpha/2}^2 S_y^2}{\varepsilon_a^2}$
P.P.S	τ_y	$S_p^2 = \dfrac{\sum_{i=1}^{n}(\frac{y_i}{p_i}-\widehat{\tau}_{yp})^2}{n-1}$	$n_0 = \dfrac{Z_{1-\alpha/2}^2 S_p^2}{\varepsilon_a^2}$
Razón	R	$S_r^2 = S_y^2 - 2*\widehat{R}S_{xy} + \widehat{R}^2 S_x^2$	$n_0 = \dfrac{Z_{1-\alpha/2}^2 S_r^2}{\varepsilon_a^2}$
Regresión	μ_y	$S_\varepsilon^2 = \left(S_y^2 - 2*\widehat{\beta}S_{xy} + \widehat{\beta}^2 S_x^2\right)\dfrac{n-1}{n-2}$	$n_0 = \dfrac{Z_{1-\alpha/2}^2 S_\varepsilon^2}{\varepsilon_a^2}$
Diferencia	μ_y	$S_d^2 = \left(S_y^2 - 2*S_{xy} + S_x^2\right)$	$n_0 = \dfrac{Z_{1-\alpha/2}^2 S_d^2}{\varepsilon_a^2}$
EST(A.P)	μ_y	$S_c^2 = \sum_{i=1}^{L} W_i S_{yi}^2 \ \text{ó}\ S_{ri}^2 \ \text{ó}\ S_{i\varepsilon}^2$	$n_{01} = \dfrac{Z_{1-\alpha/2}^2 S_c^2}{\varepsilon_a^2}$
EST(A.O)	μ_y	$S_o^2 = \left(\sum_{i=1}^{L} W_i S_{yi}\right)^2 \ \text{ó}\ S_{ri}^2 \ \text{ó}\ S_{i\varepsilon}^2$	$n_{02} = \dfrac{Z_{1-\alpha/2}^2 S_o^2}{\varepsilon_a^2}$
EST(A.O.C)	μ_y	$S_{oc}^2 = \left(\sum_{i=1}^{L} \frac{W_i S_{yi}}{\sqrt{C_i}} \sum_{i=1}^{L} W_i S_{yi}\sqrt{C_i}\right)$	$n_{03} = \dfrac{Z_{1-\alpha/2}^2 S_{oc}^2}{\varepsilon_a^2}$
Congl	$\mu_{\overline{Y}}$	$S_Y^2 = \dfrac{\sum_{i=1}^{n}(Y_i-\overline{Y})^2}{n-1}$	$n_0 = \dfrac{Z_{1-\alpha/2}^2 S_Y^2}{\varepsilon_a^2}$
Congl	$\mu_{\overline{\overline{Y}}}$	$S_Y^2 = \dfrac{\sum_{i=1}^{n}(Y_i-\overline{Y})^2}{n-1}$	$n_{04} = \dfrac{Z_{1-\alpha/2}^2 S_Y^2}{M^2\varepsilon_a^2}$
Congl	$\mu_{\overline{\overline{Y}}}$	$S_r^2 = S_y^2 - 2*\overline{\overline{Y}}S_{xy} + \overline{\overline{Y}}^2 S_x^2$	$n_0 = \dfrac{Z_{1-\alpha/2}^2 S_r^2}{\varepsilon_a^2}$
Sistemático	μ_y	$S_y^2 = \dfrac{\sum_{i=1}^{n}(y_i-\bar{y})^2}{n-1}$	$n_0 = \dfrac{Z_{1-\alpha/2}^2 S_y^2}{\varepsilon_a^2}$

Cuadro 4.1: Tabla para estimar los tamaños de muestra con un estudio piloto y puntaje z de holgura

Método	Parámetro	Varianza individuales	Sin reemplazo
M.A.S	μ_y	$S_y^2 = \dfrac{\sum\limits_{i=1}^{n}(y_i-\overline{y})^2}{n-1}$	$n = \dfrac{n_0}{1+\frac{n_0}{N}}$
M.A.S	p	$S_y^2 = \dfrac{n}{n-1}\widehat{p}(1-\widehat{p})$	$n = \dfrac{n_0}{1+\frac{n_0}{N}}$
P.P.S	τ_y	$S_p^2 = \dfrac{\sum\limits_{i=1}^{n}(\frac{y_i}{p_i}-\widehat{\tau}_{yp})^2}{n-1}$	$n = \dfrac{n_0}{1+\frac{n_0}{N}}$
Razón	R	$S_r^2 = S_y^2 - 2*\widehat{R}S_{xy} + \widehat{R}^2 S_x^2$	$n = \dfrac{n_0}{\mu_x^2+\frac{n_0}{N}}$
Regresión	μ_y	$S_\varepsilon^2 = \left(S_y^2 - 2*\widehat{\beta}S_{xy} + \widehat{\beta}^2 S_x^2\right)\frac{n-1}{n-2}$	$n = \dfrac{n_0}{1+\frac{n_0}{N}}$
Diferencia	μ_y	$S_d^2 = \left(S_y^2 - 2*S_{xy} + S_x^2\right)$	$n = \dfrac{n_0}{1+\frac{n_0}{N}}$
EST(A.P)	μ_y	$S_c^2 = \sum\limits_{i=1}^{L} W_i S_{yi}^2 \ \text{ó}\ S_{ri}^2 \ \text{ó}\ S_{i\varepsilon}^2$	$n = \dfrac{n_{01}}{1+\frac{n_{01}}{N}}$
EST(A.O)	μ_y	$S_o^2 = \left(\sum\limits_{i=1}^{L} W_i S_{yi}\right)^2 \ \text{ó}\ S_{ri}^2 \ \text{ó}\ S_{i\varepsilon}^2$	$n = \dfrac{n_{02}}{1+\frac{n_{01}}{N}}$
EST(A.O.C)	μ_y	$S_{oc}^2 = \left(\sum\limits_{i=1}^{L} \frac{W_i S_{yi}}{\sqrt{C_i}} \sum\limits_{i=1}^{L} W_i S_{yi}\sqrt{C_i}\right)$	$n = \dfrac{n_{03}}{1+\frac{n_{01}}{N}}$
Congl	$\mu_{\overline{Y}}$	$S_Y^2 = \dfrac{\sum\limits_{i=1}^{n}(Y_i-\overline{Y})^2}{n-1}$	$n = \dfrac{n_0}{1+\frac{n_0}{N}}$
Congl	$\mu_{\overline{\overline{Y}}}$	$S_Y^2 = \dfrac{\sum\limits_{i=1}^{n}(Y_i-\overline{Y})^2}{n-1}$	$n = \dfrac{n_{04}}{1+\frac{n_{04}}{N}}$
Congl	$\mu_{\overline{\overline{Y}}}$	$S_r^2 = S_y^2 - 2*\overline{\overline{Y}}S_{xy} + \overline{\overline{Y}}^2 S_x^2$	$n = \dfrac{n_0}{\overline{M}^2+\frac{n_0}{N}}$
Sistemático	μ_y	$S_y^2 = \dfrac{\sum\limits_{i=1}^{n}(y_i-\overline{y})^2}{n-1}$	$n = \dfrac{n_0}{1+\frac{n_0}{N}}$

Cuadro 4.2: Tabla para tamaños de muestra sin reemplazo

Bibliografía

1) DOCUMENTO IBM SPSS MUESTRAS COMPLEJAS-Versión 25

(2) LOHR, Sharon. Muestreo: Diseño y Análisis. International Thomson Editores, 1999.

(3) INEC (2019). Cálculo del error de muestreo y declaración de muestras complejas en la Encuesta Nacional de Empleo, Desempleo y Subempleo (ENEMDU). Instituto Nacional de Estadística y Censos, Quito-Ecuador.

(4) DORIS CARDONA, HÉCTOR BYRON AGUDE-LO,ÁNGELA MARÍA SEGURA, Un diseño de muestreo complejo en el análisis de la calidad de vida de la población adulta. Medellín, 2005

(5) MAYOR GALLEGO, José. Curso de SPSS: Módulo de Muestras Complejas; I.E.A. Curso de SPSS, Departamento de Estadíistica e Investigación Operativa, Universidad de Sevilla. Mayo de 2009

(6) MAYOR GALLEGO, José. Muestreo en Poblaciones Finitas Diseños Muestrales Complejos. Departamento de Estadística e Investigación Operativa Universidad de Sevilla. 2015

(7) CAUSIO VOINEA, Gigi; Encuestas por Muestreo: Muestras complejas con SPSS. 2013.

(8) WALPOLE, R; MYERS, R; MYERS, S; YE, K. Probabilidad y Estadística para ingenieros. Editorial Pearson, 8Va

Edición. Pág. 515. MÉXICO, 2007

(9) MAYOR GALLEGO, J. Estimadores de razón: Una revisión. Universidad de Sevilla. Questiló, vol. 21. pág. 109-149, 1997

(10) OTZEN, T. MANTEROLA C. Técnicas de muestreo sobre una población a estudio. Int. J. Morphol., 35(1):227-232, 2017.

(11) SCHEAFFER, Richard; MENDENHALL, William y OTT, R. Lyman.Elementos de Muestreo. Ed. Paraninfo. España, 2006.

(12) OSPINA, David.Introducción al muestreo. Editorial Universidad Nacional de Colombia, 2001.

(13) RUIZ ESPEJO, M. Estimación insesgada generalizada en poblaciones finitas. Universidad complutense de Madrid. Questiló. vol. 12. n 3. Págs. 315-321. 1988.

(14) SANCHEZ-CRESPO, J. Propuesta de una razón general que contiene a los estimadores más usuales en poblaciones finitas. Instituto Nacional de Estadística. España.

(15) CID, ANA; DELGADO, CARLOS Y LEGUEY, SANTIAGO. Introducción al muestreo en poblaciones finitas. *Editorial nuevas estructuras, S.L. Madrid, España, 1999.*

(16) SCHEAFFER, RICHARD; MENDENHALL, WILLIAM Y OTT, R. LYMAN. Elementos de Muestreo.. *Ed. Paraninfo. España, 2006.*

(17) COCHRAN, WILLIAM., Técnicas de muestreo.. *Ed. Continental, 1996.*

(18) LOHR, SHARON., Muestreo: Diseño y Análisis.. *International Thomson Editores, México 1999.*

(19) SILVA, LUIS CARLOS., Muestreo para la Investigación en Ciencias de la Salud.. *Ediciones Díaz De Santos S.A., 1993.*

(20) TILANO, JORGE., Inferencia Estadística: Intervalos y Contrastes.. *Editorial Académica Española, 2023.*

(21) La Familia de Distribuciones de Pólya.pdf

(22) Des Raj, Salem H. Khamis. Some Remarks on Sampling with Replacement. American University of Beirut. Jstor 2015.

(23) SANCHEZ-CRESPO, J. GABEIRAS. Un esquema mixto de Muestreo con probabilidades desiguales. Estadística Española, 1987.

yes
I want morebooks!

Buy your books fast and straightforward online - at one of world's fastest growing online book stores! Environmentally sound due to Print-on-Demand technologies.

Buy your books online at
www.morebooks.shop

¡Compre sus libros rápido y directo en internet, en una de las librerías en línea con mayor crecimiento en el mundo! Producción que protege el medio ambiente a través de las tecnologías de impresión bajo demanda.

Compre sus libros online en
www.morebooks.shop

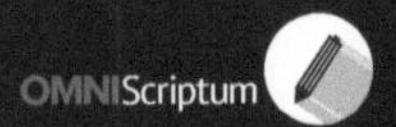

Printed by Books on Demand GmbH, Norderstedt / Germany